市政与环境工程系列丛书

基于生物质黏结剂的石墨电极制备及其相关机理研究

赵子龙 编

中国建筑工业出版社

图书在版编目（CIP）数据

基于生物质黏结剂的石墨电极制备及其相关机理研究/赵子龙编．—北京：中国建筑工业出版社，2022.5
（市政与环境工程系列丛书）
ISBN 978-7-112-27202-0

Ⅰ.①基… Ⅱ.①赵… Ⅲ.①石墨电极-制备-研究 Ⅳ.①TM242

中国版本图书馆 CIP 数据核字（2022）第 044861 号

本书以松木木质素与胶原蛋白共混生物质废弃物替代传统煤沥青黏结剂，通过响应面方法学优化制备新型高密度特种石墨电极，建立了影响参数与炭化电极密度和膨化行为间的半定量描述模型，阐明了膨化行为与裂纹扩展、黏结剂组成与电极微观形貌、加热温度与石墨化程度之间的关联性，并在深入研究共混生物质热解行为规律、热解动力学、热解气态产物释放规律的基础上，利用元素分析、傅里叶红外光谱、扫描电子显微镜等手段对生物质炭化结构演变过程进行表征分析，进一步验证了共热解过程中松木木质素与胶原蛋白之间的协同作用关系，进而揭示了生物质黏结剂在石墨电极制备过程的黏结作用机理。

本书适合从事环境功能材料或碳材料领域的科研人员和工程技术人员阅读和参考，也可供高等学校环境工程、材料科学与工程及相关专业师生参阅。

责任编辑：张　瑞　张　健
责任校对：赵　颖

市政与环境工程系列丛书
基于生物质黏结剂的石墨电极制备及其相关机理研究
赵子龙　编

*

中国建筑工业出版社出版、发行（北京海淀三里河路9号）
各地新华书店、建筑书店经销
北京科地亚盟排版公司制版
北京建筑工业印刷厂印刷

*

开本：787毫米×1092毫米　1/16　印张：5½　字数：136千字
2022年7月第一版　　2022年7月第一次印刷
定价：**30.00** 元
ISBN 978-7-112-27202-0
（39007）

版权所有　翻印必究
如有印装质量问题，可寄本社图书出版中心退换
（邮政编码 100037）

前　言

碳素行业属基础材料产业，其实质是通过对石化、煤化工行业中废渣原料的深加工，实现碳元素同素异形体（如非晶碳、石墨、富勒烯、碳纳米管、碳纤维、石墨烯等材料）的循环利用。鉴于碳素材料各项性能的独特性及无可替代的优势，工业碳素制品使用范围已遍及冶金、机械、电子、化工、能源、军事、核工业、医疗器械、航空航天及其他尖端领域。石墨电极是碳素行业的主导产品，主要用作电炉炼钢和其他冶金行业的重要高温导电材料。然而截至目前，生产高功率、超高功率石墨电极普遍采用煤沥青作为黏结剂。煤沥青，又称煤焦油沥青，是煤焦油蒸馏提取馏分后的残留物，可以赋予碳素制品以优良的机械性能和导电导热性能。由于其基本组成单元为多环、稠环芳烃及其衍生物，煤沥青已成为环境中致癌性多环芳烃的主要来源之一。因此，在加强煤沥青利用过程污染防控的同时，积极开发新型煤沥青替代物，以降低石墨电极生产过程的环境危害刻不容缓。

生物质是指直接或间接利用光合作用所形成的各种有机物质，包括农作物秸秆、农林产品加工业废弃物、畜牧业生产废弃物及禽畜粪便和城市生活有机废物等物质。在世界能源供应格局、消费结构及能源市场运行态势发生重大变化的背景下，生物质迎来产业化发展重要机遇期。大力加强生物质资源开发利用，既是开拓能源途径、缓解能源供需矛盾的战略措施，也是促进生物质产业形成与发展，保证社会经济持续发展的重要任务。将生物质废弃物资源化利用与煤沥青替代物创新开发相结合，在石墨电极产品结构改革、技术进步和应用创新等方面独具优势。为了让读者充分了解生物质废弃物在石墨电极生产中的应用潜力，作者通过查阅大量资料，并结合博士、博士后及工作期间的科研成果编写了本书。

本书部分内容在国家自然科学基金（52000051）、深圳市高端人才科研启动经费（FA11409005）和广东省自然科学基金（2017A030310670）的支持下完成。在编写及出版过程中，作者引用了国内外大量相关文献和专著，在此致以诚挚的谢意，同时，也感谢出版社编辑同志给予的大力支持和帮助。

由于编者水平和经验有限，疏漏之处敬请读者批评指正。

赵子龙
2021 年 10 月

目 录

第1章 绪论 ··· 1

  1.1 研究背景及意义 ··· 1

  1.2 石墨电极生产概述 ·· 2

    1.2.1 石墨电极与电炉炼钢 ·· 2

    1.2.2 工艺流程和生产特点 ·· 3

    1.2.3 碳素制品黏结剂发展历程 ·· 5

    1.2.4 煤沥青组成、功能与炭化 ·· 5

    1.2.5 环保型煤沥青黏结剂研究 ·· 7

  1.3 生物质概述及生物质黏结剂研究现状 ··· 7

    1.3.1 生物质概述 ·· 7

    1.3.2 生物质黏结剂及其黏结作用 ··· 12

  1.4 研究目的和内容 ·· 13

    1.4.1 研究目的 ··· 13

    1.4.2 拟解决的关键科学问题 ··· 13

    1.4.3 研究内容 ··· 14

    1.4.4 技术路线 ··· 14

第2章 基于生物质黏结剂的石墨电极制备及其性能 ······························· 15

  2.1 材料与方法 ·· 15

    2.1.1 原料 ·· 15

    2.1.2 生电极制备 ·· 16

    2.1.3 焙烧及石墨化处理 ··· 16

    2.1.4 性能测试及表征 ·· 17

    2.1.5 试验设计及数据分析 ·· 18

  2.2 原料工业分析和元素分析 ·· 19

  2.3 焙烧程序对炭化电极性能的影响 ··· 20

  2.4 炭化电极优化制备 ·· 21

    2.4.1 部分因子试验 ··· 21

    2.4.2 单因素试验分析 ··· 23

    2.4.3 响应面试验分析 ··· 25

  2.5 膨化行为与裂纹形成 ·· 30

  2.6 电极宏观性能与微观表征 ·· 34

2.6.1　石墨电极性能评价 · 34
　　2.6.2　不同电极微观形貌及石墨化程度分析 · 34
　2.7　小结 · 38

第3章　松木木质素与胶原蛋白共热解特性分析 · 39
　3.1　材料与方法 · 40
　　3.1.1　原料 · 40
　　3.1.2　热解试验 · 40
　　3.1.3　热失重-质谱联用分析 · 40
　3.2　热解动力学基础理论 · 40
　3.3　热失重过程分析 · 42
　　3.3.1　非等温热解过程 · 42
　　3.3.2　加热速率对热解过程的影响 · 44
　3.4　共热解过程协同作用 · 47
　3.5　热解动力学参数计算与分析 · 47
　　3.5.1　Kissinger 微分法 · 47
　　3.5.2　Weibull 分布模型 · 49
　　3.5.3　FWO 积分法 · 51
　3.6　热解气态产物形成与分析 · 53
　3.7　共热解过程胶原蛋白作用机理 · 58
　3.8　小结 · 58

第4章　松木木质素与胶原蛋白炭化结构演变研究 · 60
　4.1　材料与方法 · 60
　　4.1.1　原料 · 60
　　4.1.2　热解试验 · 61
　　4.1.3　材料表征 · 61
　4.2　残炭率变化 · 61
　4.3　元素组成变化 · 63
　4.4　有机官能团变化 · 65
　　4.4.1　松木木质素 · 65
　　4.4.2　胶原蛋白 · 67
　　4.4.3　松木木质素与胶原蛋白共混物 · 68
　　4.4.4　不同生物炭有机官能团半定量分析 · 69
　4.5　微观形貌变化 · 71
　　4.5.1　松木木质素 · 71
　　4.5.2　胶原蛋白 · 72
　　4.5.3　松木木质素与胶原蛋白共混物 · 73
　4.6　小结 · 75

第5章 结论与建议 ·· 76
5.1 结论 ··· 76
5.2 建议 ··· 77
参考文献 ·· 78

第 1 章 绪论

1.1 研究背景及意义

作为碳素行业的主导产品,石墨电极是高能效产品业绩增长的主要驱动力。然而,截至目前,生产高功率、超高功率石墨电极普遍采用煤沥青作为黏结剂。煤沥青是以芳香族为主、结构复杂的多环芳烃(PAHs)混合物,熔化和炭化过程中易产生大量沥青粉尘与沥青烟(气),其主要由液态烃类颗粒物和气态烃类衍生物组成,包括 PAHs 及吖啶类、酚类、吡啶类、蒽萘类及苯并芘类杂环混合物。该类物质经呼吸道吸入或皮肤接触渗透进入人体后,轻则引起各种呼吸道和皮肤疾病,重则产生肿瘤,诱发癌症。为此,美国环保署(US EPA)已将其中的 16 种 PAHs 列为优先评估项目,对环境和产品中的 PAHs 进行严格管控;德国和波兰等西方国家被迫关闭沥青炼焦装置,相关产品改为从国外进口,并要求煤沥青中 PAHs 允许含量小于 50mg/L。与此同时,受全球能源政策以及针状焦资源紧缺的限制,煤沥青供应规模和应用范围日趋缩减。在此背景下,开发新一代环保型石墨电极黏结剂已成为碳素行业可持续发展的必然途径。

生物质是一种由有机碳构成的可再生资源,拥有开发石油系产品替代品或等价物的潜力。近年来各国政府相继制定若干研究计划或发展路线图,并通过立法、规划和政策制定等举措,持续推动生物质资源的研究、开发和利用,以期加速可再生燃料和生物质基产品的发展应用进程,进一步解决当前在能源、环境、制造等方面面对的重要挑战和重大现实问题,这其中包括美国能源部资助的《2007~2017 年生物质发展规划》、中国国家能源局颁布的《生物质能发展"十三五"规划》、中国政府与世界银行及全球环境基金合作开展的可再生能源规模化发展项目(CRSEP)等。可以看出,生物质资源的高值转化与利用已经成为世界重大热门课题之一。从理论研究上看,以廉价生物质废弃物为原料,利用热化学转化技术开发生物质基材料,并将其应用于碳素产品的生产领域,无疑有利于推动新型碳素产品的创新发展,加快碳素产业链的拓展延伸,减轻日益严重的环境问题。然而,就具体石墨电极生产而言,如何选择合适的生物质原料作为替代型黏结剂,以适应现代工业对石墨电极质量的高要求,是创制新型石墨电极产品的主要挑战。

宾夕法尼亚州立大学环境工程系 Fred S. Cannon 教授课题组前期研究发现,室温环境下,胶原蛋白氢键网络结构可以提供无烟煤颗粒足够的黏结强度,但升温过程中(200~500℃),约 65%胶原蛋白基黏结剂即发生分解反应。通过在胶原蛋白分子间引入无机碱金属硅酸盐,有助于形成高度异构的网络结构,提高其在高温下的热稳定性,从而替代传统酚醛尿烷树脂黏结剂,实现在铸造业金属铸芯中的运用;相比传统酚醛尿烷和生物柴油酚醛尿烷,胶原蛋白基砂芯黏结剂释放的挥发性有机物及多环芳香化合物可分别减少 50%~60%、75%~80%。与无机交联形式不同,木质素/胶原蛋白有机交联体系经高温热解融合后易形成高强度多环结构，其优良的黏结性能赋予无烟煤燃料砖在铸造冲天炉高温热解区（500～1400℃）较强的无侧限抗压强度。为此，本书以松木木质素、胶原蛋白两类生物质废弃物为研究对象，探究其共混体系作为传统石墨电极生产用煤沥青黏结剂替代物的可行性，旨在降低生产成本、减少化石能源消费，实现重塑绿色碳素的目的。

1.2 石墨电极生产概述

1.2.1 石墨电极与电炉炼钢

区别于以天然石墨为原料的天然石墨电极，人造石墨电极（简称石墨电极）是由固体焦炭颗粒料（如石油焦、针状焦、无烟煤或石墨化碎）、黏结剂（如煤沥青及其与煤焦油或蒽油的混合物）、浸渍剂（如石油沥青、煤沥青或合成树脂）以及些许添加剂（如氧化铁、硬脂酸和石蜡）等组成，经混捏、成型、焙烧、浸渍、石墨化和机械加工等一系列工艺生产制成的耐高温、耐氧化导电材料。

石墨电极消费产业主要以电炉炼钢、炉外精炼以及铁合金、黄磷、冰铜、电石、工业硅炉冶炼等行业为主。其中，电炉炼钢消耗量最高，约占总量的70%～80%，其以废钢为主要原料，通过石墨电极向电弧炉输入电能，利用电极端部与炉料间的电弧热效应进行钢铁和合金熔炼。根据电弧加热方式，将电弧炉分为直接加热电弧炉和间接加热电弧炉两种类型，前者通过电极与物料之间的电弧直接加热，后者则通过电弧辐射的热量间接加热。现代炼钢用三相交流电弧炉是最常用的直接加热电弧炉，如图1.1所示，其炉体由炉盖、炉门、出钢槽和炉身等部分构成，炉盖上设有等边三角形电极孔以安插炭电极或石墨电极。加热时，炉用变压器通过电缆、电极把持器向电极供电，在电极末端与金属炉料之间产生电弧，进而将电能转化为热能加热炉膛、熔化钢铁。与传统高炉炼铁-转炉炼钢工艺相比，电弧炉炼钢工艺冶炼时间短、自动化程度高、能源消耗和污染排放低，可实现废钢的循环利用及钢铁产业的低碳生产，具有更加广阔的发展空间。

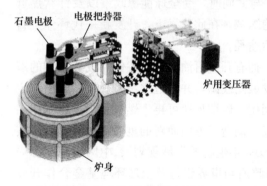

图1.1 电弧炉炼钢示意图

继2008年金融危机之后，全球钢铁工业开始缓慢复苏，尤其是中国钢铁产业发展势头更是突飞猛进，2019年我国电炉炼钢产量达到1.27亿吨，石墨电极产量也相应增长至74.21万吨。根据工业和信息化部发布的钢铁产业调整政策"鼓励推广以废钢铁为原料的短流程炼钢工艺及装备应用"，截至2025年，未来电炉炼钢产量增长将有望进一步驱动上游关键材料石墨电极的需求。从世界主要产钢国的电炉炼钢比例来看，除德国保持基本稳定外，美国、日本、韩国、印度等国均呈增长趋势，由此决定石墨电极的全球需求量将与日俱增。另外，伴随钢铁产业大型化（电炉容量达150～200t）、连续化、低消耗标准的日益提高，以及高功率、超高功率电炉和直流电炉炼钢技术的普及和应用，石墨电极的规格和质量愈趋严格，直径为550～800mm的高功率或超高功率石墨电极的生产和使用逐渐盛行，更大更高规格的石墨电极也正处于积极试制中。

1.2.2 工艺流程和生产特点

石墨电极生产的工艺流程如图1.2所示，主要工序如下：

1. 破碎、筛分及配料

煅烧后的石油焦或沥青焦经破碎、研磨、筛分处理后，按照配比将骨料颗粒与粉末共混形成干物料。

2. 混捏

在加热状态下将干物料与定量的黏结剂混合搅拌成均质糊料。典型的糊料组成见表1.1，通常含有40%石油焦颗粒、60%石油焦粉末、30%煤沥青黏结剂。

3. 机械成型

通过机械作用将糊料压制成特定形状的生电极，其基本原理为：碳质颗粒粉末因压力作用产生塑性变形，在接触表面发生机械咬合或交织，促使物料孔隙率减小，密实性增强。根据原料性质及实际用途可以选择不同的成型模式（热挤压成型、模压成型、等静压成型）。热挤压成型和模压成型提供单（双）向施压，碳质颗粒呈有序排列，在压力水平与垂直面存在性能差异，即"各向异性"；等静压成型改糊料的单（双）向受压为全方位受压，碳质颗粒始终处于无序态，不同方向性能表现为"各向同性"。

4. 焙烧

将生电极置于高温炉中并以适当填充料（如冶金焦粒/粉或石英砂）覆盖，缓慢加热至850～1000℃进行炭化处理，即获得炭化电极。

5. 浸渍

在高压釜内通过高压作用促使液态浸渍剂浸入渗透至炭化电极表面及内部孔隙结构中，经再次焙烧处理后，提高炭化电极的体积密度、机械强度、电阻率等性能。实际生产过程可反复进行浸渍—再焙烧处理以提升炭化电极性能。

6. 石墨化处理

将炭化电极置于石墨炉中，覆以冶金焦、硅石和硅砂等保护介质进行高温处理（约2800℃），促使六角碳原子平面网格从二维空间的无序排列转变为三维空间的有序增叠，以获得石墨晶质结构。

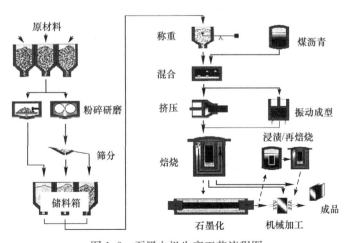

图1.2 石墨电极生产工艺流程图

7. 检验加工

抽样检测石墨电极各项性能指标（表1.2），对石墨电极合格品进行表面车削、端面及连接用公母螺纹的加工。

石墨制品中干物料典型配比（质量分数，Wt.%）　　　　　　表1.1

电极类型	石油焦颗粒			石油焦粉末	煤沥青
	½英寸～3目	10～20目	20～35目	其中55%＞200目	
定型石墨模具	—	—	50	50	34
直径10～20英寸	—	25	15	60	32
直径20～24英寸	20	10	10	60	30
阳极或小型电极	—	—	—	100	36

石墨电极产品各项性能指标　　　　　　表1.2

性能指标（室温）	测试方法	单位		Φ75～350mm	Φ400～780mm	Φ960mm
表观密度	ASTM C559	g/cm³		1.75	1.73	1.72
开孔率	ASTM C604	Vol.%		15	16	21
比电阻	ASTM C611	μΩ·m	∥	7.2	7.8	7.6
			⊥	10	9.5	9.5
杨氏模量	ASTM C747	GPa	∥	11	8.5	9
			⊥	7	7	7
抗弯强度	ASTM C651	MPa	∥	23	19	13.5
			⊥	16	19	—
抗压强度	ASTM C695	MPa	∥	46	40	—
			⊥	42	39	—
抗拉强度	DIN 51914	MPa	∥	17	12.5	—
			⊥	11	12.5	—
热膨胀系数（20～200℃）	DIN 51909	10⁻⁶ K⁻¹	⊥	2.6	3	2.1
			∥	4	3.5	3
导热系数	DIN 51908	W/(m·K)	⊥	190	160	
			∥	130	140	
灰分含量	DIN 51903	%		0.08	0.08	0.08

注："∥"代表纵向，"⊥"代表横向。

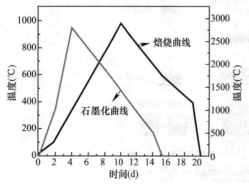

图1.3　典型石墨电极炭化和石墨化处理周期

石墨电极生产特点主要表现为：

（1）生产工序繁多，周期冗长

典型石墨电极炭化和石墨化处理周期如图1.3所示。可以看出，普遍采用的一浸渍二焙烧的生产工艺至少经历55天左右，而多次浸渍焙烧的石墨电极所需生产周期更长。

（2）生产过程能源资源消耗高

以生产普通碳素电极为例，1t普通功率石墨电极需要消耗电能6000kW·h、冶金焦粒及冶金焦粉1t左右，此外还需要大量的水、煤、天然气及其他辅助材料。

(3) 生产过程污染危害严重

贮运、破碎筛分、配料工段产生的粉尘、苯并芘，成型和浸渍过程产生的含油冷却水，焙烧过程产生的沥青烟、含氟气体和炉渣，导热油炉产生的烟尘、SO_2、NO_x等废气以及球磨机、破碎机等机械设备产生的噪声，均是石墨电极生产过程普遍存在的问题。

(4) 生产石墨电极基建投资和运行成本高

严重的能源资源消耗以及高额的人力成本迫使全球主要碳素企业将发展方向转向发展中国家，以降低生产成本，例如德国西格里集团先后在中国上海和马来西亚万津开发建设石墨电极加工和生产基地；印度 Heg 公司多次与中国洽商开展超高功率石墨电极生产线建设。

(5) 产品质量对原料基础性能依赖性强

例如，高含氮量煤沥青在碳坯石墨化过程中易发生气胀，可能导致碳坯裂纹的产生；为满足大容量电弧炉的质量要求，高功率和超高功率石墨电极生产用针状焦必须具备体积密度大、电阻率低、热膨胀系数小、机械强度高、抗热震性能好等特性。

1.2.3 碳素制品黏结剂发展历程

早在 19 世纪初，英国 H. Davy 首创以煤焦油为黏结剂、木炭粉为基础原料，制备伏特电池用炭电极。1842 年，德国 R. W. Bunsen 尝试以黏结性煤作为黏结剂，与焦粉共混制备炭电极。1846 年，英国 Strait 和 Edwards 以蔗糖代替黏结性煤，制造电炉用电极和弧光炭棒，并应用于工业生产。随后新型黏结材料层出不穷，如液化焦油、砂糖和糖浆共混黏结剂、松节油/苯混合黏结剂等不断问世。为了进一步提高碳质产品的机械强度，1868 年，N. F. Carre 采用糖浆、橡胶、明胶、树脂浓稠油作为黏结剂。1876 年，Gaudin 采用煤焦油作为炭棒生产用黏结剂。1878~1886 年，美国 CH. F. Brush 和 W. H. Lawrnce 以石油焦为骨料，焦油和沥青为黏结剂制备电极。19 世纪末期至 20 世纪初期，煤焦油作为碳电极用黏结剂长期占据历史舞台。直至 20 世纪 20 年代以后，煤沥青黏结剂才得以大量应用。一改以往煤沥青与煤焦油共混使用形式，软化点为 40~50℃ 的软沥青成为碳素材料生产用主要黏结剂。1941 年，挪威 ElKEM 公司在 Soderberg 自焙阳极生产专利中提出中温沥青（软化点为 80~90℃）黏结剂，并规定黏结剂沥青的质量要求。自此以后，美国、挪威和日本等国相继采用中温沥青作为黏结剂生产炭材料。由于传统中温沥青黏结剂的软化点、黏结性能及炭化后结焦值偏低，难以满足高性能炭材料（如高功率和超高功率石墨电极、大规格优质炭阳极、超微孔炭砖和细结构石墨等）的生产需求，2000 年以后，在中温沥青基础上，经过适当加工生产的优质改质沥青黏结剂迎来快速发展并获得广泛应用，如国内外典型的高温热聚合中温煤沥青以及与澳大利亚 KOPPERS 公司通过闪蒸法生产的改质沥青。

1.2.4 煤沥青组成、功能与炭化

煤沥青是煤焦油蒸馏加工分离产生的重质组分残留物，常温下呈黑色高黏度半固体或固体，密度为 1.25~1.35g/cm³，无固定熔点，受热后软化继而熔化。煤沥青的物理化学性质与煤焦油的性能及杂质原子的含量有关，又受炼焦工艺制度和煤焦油加工条件等因素的影响。根据煤沥青软化点，一般将其分为低温煤沥青、中温沥青和高温沥青三种。研究表明，煤沥青是高度缩合的复杂多相系统，基本组成单元主要是单环芳烃、PAHs、稠环芳烃、杂环芳烃族及其衍生物。鉴于煤沥青化学组成的复杂性，常用族组分分析法（溶剂

组分分析法）依次通过喹啉和甲苯两种溶剂将煤沥青萃取分离为三种组分，即喹啉不溶物（QI）或称α树脂、甲苯不溶喹啉可溶物（TI-QS）或称β树脂、甲苯可溶物（TS）或称γ树脂。其中，α树脂是煤沥青中的重质组分，相对分子质量为1800~2600，C/H比约为1.53。根据α树脂生成过程将其划分为：原生QI和次生QI。原生QI形成于煤焦化过程中，包括煤中的灰分颗粒及焦化过程中炼焦煤热解和缩聚时形成的大分子碳氢化合物颗粒。次生QI，又称中间相QI，是在煤焦油蒸馏过程中由原生QI以外的其他物质缩聚而成的相对分子质量更大的芳烃聚合物。一般认为，煤沥青中QI对碳质骨料无润湿和黏结能力，常温时易在多孔碳表面形成非渗透性薄膜，阻碍沥青对孔隙结构的填充，加热时熔化，焙烧时可形成通道结构，便于沥青挥发分的逸出。β树脂是煤沥青中的中质组分，相对分子质量为1000~1800，C/H比约为1.06。β树脂在煤沥青中主要起黏结作用，焙烧时形成的高残炭率黏结焦呈纤维状，具有较好的易石墨化性能。适当提高煤沥青中β树脂组分含量有利于增强炭糊的塑性成型，改善焙烧品的导热率、电阻率、机械强度等物化性能。γ树脂是煤沥青中的轻质组分，相对分子质量为200~1000，C/H比约为0.68。γ树脂的存在有利于降低煤沥青的黏度，保持高温流动性和润湿性。但是，过量的γ树脂易造成沥青烟气大量逸出，煤沥青结焦残炭值降低，从而影响焙烧品孔隙结构、体积密度和机械强度。

由于煤沥青富碳低灰，结焦残炭值高，与碳质物料的配伍性、亲和力强，具有优良的黏结性、热塑性、渗透浸润性及易石墨化性，因而，煤沥青是制备碳素材料重要的前驱体材料。在石墨电极的生产过程中，煤沥青的主要功能可分为两类：①作为黏结剂，润湿、粘合碳质骨料及粉料，并混捏成可塑性糊料，在加压成型过程及冷却后硬化，形成特定形状的生坯；参与高温炭化过程，以碳膜黏结桥的形式固结骨料与粉料，在提高碳残量的同时，固定炭化电极成型并赋予其机械性能。②作为浸渍剂，在高压下浸入渗透至炭化电极微孔结构内，减少炭化电极孔隙率，经二次焙烧以提高其体积密度、机械强度或满足防渗需求。优质的煤沥青黏结剂是生产高强碳素制品的必备条件，以沥青软化点、甲苯不溶物（TI）、喹啉不溶物（QI）、结焦值及煤沥青流变性等为评价指标，煤沥青一般使用软化点适中、结焦值高、β树脂高的中温或中温改质沥青，浸渍剂则使用软化点较低、QI含量低、流变性较好的中温沥青。

煤沥青的炭化过程是无氧条件下对煤沥青进行高温热处理的过程，涉及有机芳烃混合物的分解、环化、芳构化、缩聚等一系列反应。随着炭化过程的深入，煤沥青C/H原子比、相对分子质量、自由基浓度逐渐增加，芳香层面不断扩大，可溶性急剧降低。根据自由基浓度的变化趋势，将煤沥青炭化过程基本划分为三个阶段：第一阶段，煤沥青熔融脱水，析出少量轻质组分，并伴随轻微的热解反应。煤沥青分子侧链C—C键均裂生成不稳定δ自由基，同时，一部分未配对电子经芳环平面分子共轭离域，形成比较稳定的π自由基。这一阶段自由基浓度略有增加。第二阶段，煤沥青剧烈分解，分子中化学键持续断裂形成大量δ自由基，导致单位时间内气态产物析出量达到峰值，同时，残留产物脱氢缩聚，稠环芳烃分子不断生长，裂解生成的未配对电子通过稠环芳烃逐渐离域稳定化。在经历中间相形成阶段后，自由基分子发生一定程度的聚合反应，稠环芳烃平面在范德华力作用下不断扩展，此时稳定自由基浓度稍有减小。随着热解温度的升高，缩聚反应替代热解反应占据主要优势，稠环芳烃分子进行结构重排，稳定自由基浓度不断增加，煤沥青逐渐炭化成焦。第三阶段，以稠环芳烃及其缩合产物的自由基为基础，通过自由基再聚合反应促进缩合稠环芳烃平面分子进一步增长，在此过程中自由基浓度急剧下降。随着脱氢缩聚的加剧，热解反应逐渐趋于终止，高温作用下焦炭组织结构进一步致密化，仅剩少量残留的低分子挥发分缓慢逸出。

1.2.5 环保型煤沥青黏结剂研究

根据绿色化学原则，控制煤沥青中PAHs危害的最理想措施是从"始端"层次对其进行无毒化处理。目前，相关研究主要集中在以下方面：

1. 氧化处理

Sukhorukova等研究发现在250～300℃温度范围内，采用含O_3（氧含量为0.3%～1.6%）的空气对煤沥青进行氧化处理，有利于减少煤沥青中苯并芘含量。

2. 紫外线照射

Low等对七种PAHs在不同溶剂中的光解作用进行研究，结果表明，苯并[a]芘和苯并[a]蒽易发生光解反应，且溶剂在一定程度上对PAHs的转化具有催化作用，溶剂极性越强，光解反应越快。

3. 低沸点溶剂萃取

孙昱等认为溶剂效应对煤沥青中3,4-苯并芘致癌物的选择性脱除具有显著影响，环己烷/乙酸丁酯类混合溶剂可以促进煤沥青颗粒内部3,4-苯并芘的释放。

4. 聚合物化学改性

在高温（200～350℃）条件下，聚合物发生解聚产生活性游离基碎片，引发与包括各种致癌物在内的煤沥青成分进行缩合、聚合、共聚、取代等化学作用，从而改变致癌物结构降低毒性。研究发现，不饱和聚酯树脂、聚乙二醇、聚苯乙烯—丁二烯—苯乙烯共聚物、古马隆—茚树脂等聚合物均显示出对煤沥青中苯并芘类化学物质的高效脱除率。

5. 替代物开发

Péreza等以煤沥青-石油沥青共混物作为黏结剂制备炭质阳极，结果表明，共混过程有利于改善煤沥青的润湿性能、热解性能及微观强度，降低PAHs释放量，所得炭质阳极具有空气反应活性低、粉尘逸出量少等优点。目前该类共混沥青已先后在美国和欧洲获得发展，并成功应用于西班牙Aviles铝电解生产基地。Fernandez和Alonso发现相比共混沥青，蒽油沥青更具性能优势，其β树脂含量多、结焦值高、流变性能和润湿性能强、挥发性和PAHs含量浓度低。与此同时，开发新兴生物质黏结剂材料逐渐成为国内外学者广泛关注的焦点，例如Coutinho等以生物油作为黏结剂制备碳电极，与传统电极相比，其制备过程产生的污染物明显减少，杨氏模量、断裂强度、电阻率等性能指标与商业电极相当。

1.3 生物质概述及生物质黏结剂研究现状

1.3.1 生物质概述

从狭义角度来看，生物质主要是指木质纤维素类生物质，如农林生产加工过程产生的各类农作物秸秆、薪材和森林废弃物等，其通常由纤维素（20～95%）、半纤维素（5～45%）和木质素（0～55%）三大组分构成。而广义的生物质是指直接或间接利用光合作用所形成的各种有机物质，泛指所有动物、植物和微生物及其派生、排泄和代谢的有机物，包括农林水产资源（如农作物、木材、海藻等）、工业有机废弃物（如纸浆废物、造纸黑液、酒精发酵残渣等）、厨房垃圾、城市污泥和人畜粪便等物质。以下分别就不同类型典型生物质材料——木质素及胶原做简要介绍。

1.3.1.1 木质纤维素类生物质——木质素

1. 组成与结构

木质素是自然界中在数量上仅次于纤维素的第二大天然高分子化合物，相对密度为 $1330\sim1450kg/m^3$，呈无色或接近无色，无确定的熔点。木质素广泛存在于高等植物细胞中，是针叶树类、阔叶树类和草类植物的基本化学组成之一。在针叶木中，木质素含量为 $25\%\sim35\%$，在阔叶木中其含量达 $20\%\sim25\%$，在单子叶禾本科植物中木质素含量相对较低，仅为 $15\%\sim20\%$。

不同于线性纤维素和半纤维素，木质素属非糖类三维立体高分子物质。从化学角度来看，木质素是由不同苯基丙烷结构单元（图1.4）以非线性的、随机的方式连接而成的具有三维空间结构的无定型高聚物，具体包括由对羟基苯基丙烷结构单体聚合而成的对羟基苯基木质素（H-木质素）、由愈创木基丙烷结构单体聚合而成的愈创木基木质素（G-木质素）和由紫丁香基丙烷结构单体聚合而成的紫丁香基木质素（S-木质素）。研究发现，不同来源的木质素，其苯基丙烷基本结构单元类型和数量有所差别，如针叶材木质素（软木、裸子植物）主要以愈创木基型单元为主，同时含有少量的对羟苯基型单元；阔叶材木质素（硬木、双子叶植物）主要由愈创木基型、紫丁香基型单元及少量对羟苯基型单元构成；草本类木质素（单子叶植物）与阔叶类木材类似，但以羟基苯基结构单元含量最高。

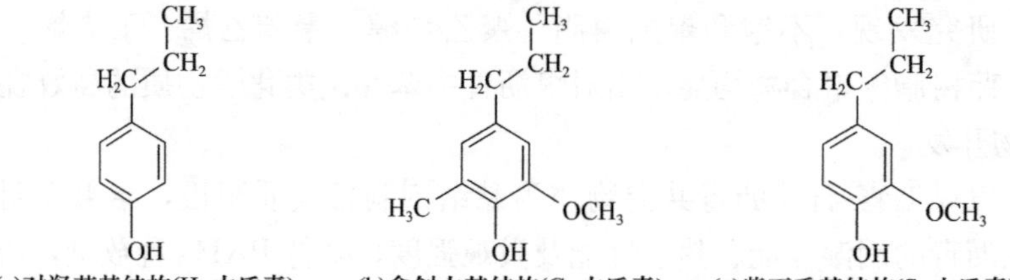

(a) 对羟苯基结构(H-木质素)　　(b) 愈创木基结构(G-木质素)　　(c) 紫丁香基结构(S-木质素)

图1.4　木质素分子 C9 基本结构单元

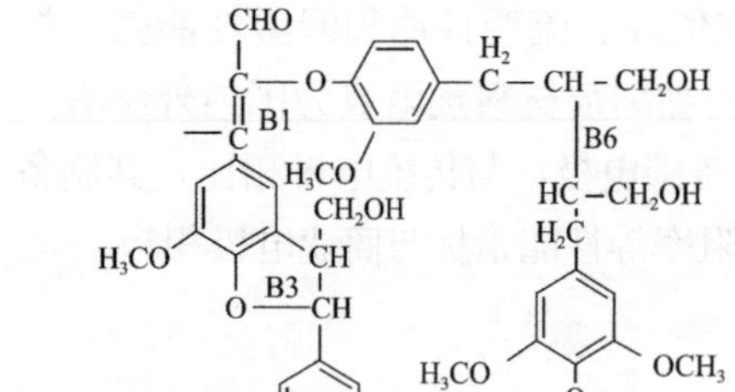

图1.5　经典木质素分子结构示意图

目前普遍认可的经典木质素分子结构示意图如图1.5所示，其对应的各种键连接的类型及数量比例见表1.3。可以看出，苯基丙烷基本结构单元间的化学键连接方式包括 α-α、β-β、β-1、α-O-4、β-O-4、β-O-5、4-O-5、5-5 等多种类型，其中以 β-O-4 型醚键含量最为丰富。在针叶类云杉木质素中，β-O-4 型醚键含量一般为 $49\%\sim51\%$，而在阔叶类榉木中其含量则高达 65%。就连接强度而言，碳碳键最为牢固，在热处理过程中具有最高的稳定性；醚键和酯键的强度相对较小，尤其是酯键，在碱性条件下易发生断裂，造成木质素大分子结构的分解。

典型软木木质素及硬木木质素中苯基丙烷单体间键连接类型及数量比例　　表1.3

键连接类型 (每100个C9单元)	图1.5中对应位置	软木木质素（云杉）	硬木木质素（桦木）
β-烷基芳基醚	B1	48	60
α-烷基芳基醚	B2	6～8	6～8
苯香豆素	B3	9～12	6
联苯	B4	9.5～11	4.5
芳基-烷基-芳基	B5	7	7
β-β烷基	B6	2	3
甘油醛-2-芳基醚	B7	2	2

木质素分子结构中含有羟基、羰基、甲氧基、羧基、共轭双键等化学活性功能基，可以发生氧化、还原、水解、醇解、酸解、光解、酰化、磺化、烷基化、卤化、硝化、缩聚或接枝共聚等化学反应。其中，羟基以酚羟基和醇羟基两种形式存在于苯环单元和苯基丙烷侧链上，前者是衡量木质素醚化或缩合程度以及溶解和反应能力的主要参数。羰基主要位于苯基丙烷结构单元侧链上，按其与苯环的共轭关系可以分为共轭羰基和非共轭羰基两类，二者之和称为全羰基量。甲氧基是木质素最基本的特征官能团，与苯环相连接的甲氧基性质相对稳定，经强氧化作用后可实现断键分离。在针叶木质素中，甲氧基的含量介于14%～16%之间；在阔叶木质素和草本类木质素中，其含量分别为19%～22%和14%～15%。碳碳双键是指位于侧链上的不饱和键，如木质素中的肉桂醇和肉桂醛结构，其含量相对较少，尤其在阔叶木质素中，通常认为碳碳双键是决定木质素能否发生聚合反应的重要官能团。

2. 提取分离方式

木质素结构和物理性质易受化学试剂、温度、酸度等条件的影响而发生改变，因此，可通过不同的分离方法获得不同类型和变性程度的分离木质素。原始木质素的相对分子量高达几十万到几百万，随着分离过程中木质素的不断降解或变性，其相对分子质量逐渐降低至几千到几万，最高为20万至30万。目前，木质素分离方法主要包括物理法、化学法和生物法。物理法是通过高温高压蒸汽爆破或机械研磨的方式分离木质素，而生物法是在温和的条件下，利用生物酶的选择性断裂木质素与碳水化合物之间的化学连接，上述两种方法均可以获得高纯度木质素，但在能耗、处理时间、分离效率等方面仍存在一定缺陷。化学法因具备分离效率高、反应条件温和等优势已成为工业生产木质素的主要方法。

具体而言，酸水解法是利用H_2SO_4、H_3PO_4、HI和HF等无机酸破坏糖苷键，对木质素进行分离提纯的方法。在酸性条件下，生物质原料中纤维素和半纤维素发生水解，而不溶于酸的木质素则以残渣的形式存在。

碱溶法则是基于木质素碱溶原理进行分离提纯，常用的碱主要包括KOH、$Ca(OH)_2$、NH_4OH、NaOH和Na_2S等。在碱性介质中，木质素与碳水化合物产生分离，且经OH^-、SH^-和S^{2-}等亲核试剂作用后，木质素分子结构中α-芳基醚键、非酚型β-烷基醚键和酚型β-芳基醚键等主要醚键发生断裂，羟基官能团含量急剧增加，同时伴随少量木质素单元碎片的缩合，综合表现为大部分木质素以可溶性酚钠盐形式溶解于碱性黑液中。经无机酸、烟道气或SO_2等酸性气体作用后，木质素逐渐转变并以不溶性游离酚的形式析出。

有机溶剂法是以低分子量脂肪醇、有机酸、复合有机溶剂为提取剂，从生物质原料中分离获取木质素的方法。在有机溶剂处理过程中，木质素主要发生 α-芳基醚键和 β-芳香醚键断裂反应。少量无机酸催化剂存在条件下，α-芳基醚键比 β-芳香醚键更易断裂；中性介质中，高温条件可以促使乙酸、糠醛等酸性催化物质产生，加速脱木素过程完成；碱性介质中，β-芳基醚键的断裂逐渐成为主要反应途径。由于作用机制及反应特点不同，不同有机溶剂提取的木质素的性质差异明显，例如，丙酮提取的木质素灰分含量较低；乙醇提取的木质素富含羧基官能团；乙酸提取的木质素羰基含量相对较高。

离子液体法是利用有机盐选择性断裂纤维素、半纤维素和木质素之间连接键，加速大分子聚合物溶解，进而提取木质素的方法。在分离过程中，木质素分子结构 β-β 键发生断裂，其溶解性主要取决于离子液体中阴、阳离子的种类。

1.3.1.2 非木质纤维素类生物质——胶原及胶原蛋白

1. 组成与结构

胶原存在于动物的皮、骨、软骨、牙齿、肌腱、韧带和血管中，是所有结缔组织的重要结构物质，具有支撑器官保护肌体的功能。目前，已发现有 27 种不同类型的胶原，包括 Ⅰ 型胶原、Ⅱ 型胶原、Ⅲ 型胶原等，其中以 Ⅰ 型胶原最为常见。不同组织中的胶原，其化学组成和结构均有差异。根据其所在组织，也可将胶原分为皮胶原、骨胶原、齿胶原等类型。与其他蛋白质一样，胶原的基本组成单元为 α-氨基酸，一般含有 C、H、N、O、S 五种元素，少数含有微量的磷、卤族或金属等元素。常见胶原的氨基酸种类和组成比例见表 1.4，其中，甘氨酸含量相对较高，约占氨基酸总量的 1/3，其次为脯氨酸、丙氨酸和羟脯氨酸。

常见胶原的氨基酸种类和组成比例（残基个数/1000 个残基）　　表 1.4

材料来源	小牛皮胶原	公牛皮胶原	小须鲸胶原
丙氨酸	112	105	104
甘氨酸	320	334	316
缬氨酸	20	19	26
亮氨酸	25	25	30
异亮氨酸	11	11	12
脯氨酸	138	129	121
苯丙氨酸	13	13	16
络氨酸	2.6	4.7	6
丝氨酸	36	38	38
苏氨酸	18	17	27
蛋氨酸	4.3	6.6	7
精氨酸	50	48	50
组氨酸	5.0	4.6	6
赖氨酸	27	25	26
天冬氨酸	45	48	52
谷氨酸	72	72	78
羟脯氨酸	94	92	78
色氨酸	—	—	7

胶原结构中含有丰富的酸性或碱性侧基以及 α-羧基和 α-氨基等端基官能团，其具有接受或给予质子的能力。因此，在特定的 pH 范围内，胶原分子可解离产生正电荷或负电荷，呈现出典型的两性电解质特征。胶原分子中可解离基的 pK 值见表 1.5。

胶原分子中可解离基的 pK 值　　　　　表 1.5

基团	pK (25℃)	基团	pK (25℃)
α-羧基	3.0～3.2	ε-氨基（赖氨酰）	9.4～10.6
β-羧基（天冬氨酸）	3.0～4.7	巯基（半胱氨酰）	9.1～10.8
γ-羧基（谷氨酰）	约 4.4	酚羟基（酪氨酰）	9.8～10.4
咪唑基（组氨酰）	5.6～7.0	胍基（精氨酰）	11.6～12.6
α-氨基	7.6～8.4		

胶原分子具有四级结构，一级结构（又称化学结构）是指构成胶原多肽链的氨基酸序列及肽链连接方式。胶原分子中至少包含一条 α-多肽链，其由三股螺旋区（又称胶原域）和两个非螺旋端肽（即 C-端肽和 N-端肽）组成。其中，三股螺旋区内氨基酸序列呈"甘氨酰-脯氨酰-羟脯氨酸"、"甘氨酰-脯氨酰-X"或"甘氨酰-X-Y"（X 和 Y 分别表示除甘氨酰和脯氨酰以外的其他任何氨基酸残基）等周期性顺序排列。不同于Ⅰ～Ⅲ型、Ⅴ和Ⅺ型成纤维胶原，其他非成纤维胶原胶原域中的三股螺旋至少存在一处中断，即不是"甘氨酸-X-Y"，而是"甘氨酸-X-甘氨酸-X-Y"或"甘氨酸-X-Y-X-Y"。二级结构是指由三条多肽链组成的三股左手超螺旋，各条肽链借助于甘氨酸残基肽键之间的氢键相互交联。二级结构主要描述多肽链主链的骨架构象，而三级结构则描述了包括主、侧链在内的整个肽链的空间排布，即在二级结构基础上以范德华力、疏水键、氢键、醇醛缩合交联、醛胺缩合（席夫碱）交联、醛醇组氨酸交联等作用形式相互咬合缠绕形成的三股右手复合螺旋结构。相比螺旋区段，非螺旋区内极性氨基酸含量偏高，肽链呈相对松散的折叠构象。四级结构是指具有三级结构的多肽链单元（又称亚基）的空间排布、亚基间相互作用与接触部位的布局，不包括亚基自身的构象。

2. 提取分离与变性

在提取或分离过程中，胶原分子中维持空间构象的次级键（如氢键、范德华力）或双硫键、盐键可能遭到破坏，分子构象、大小、形状和性质等发生改变，进而形成胶原、胶原蛋白和明胶等产物。例如，由于胶原分子中氨基、酰胺基、羧基、羟基、肽基等极性侧基的存在，胶原可与水分子以自由水（又称膨胀水）和结合水（以氢键结合）两种形式发生水合作用。水膨胀后的胶原在加热至 60～70℃时发生溶化，其化学成分虽然没有变化，但结构却发生改变，如胶原束长度变短、变粗；分子链排列规律打乱、氢键破坏、等电点向高 pH 移动等。胶原蛋白是胶原的一种水解产物，经水解后，其分子结构中三螺旋结构彻底断裂，并降解成多分散的肽段，本质为多肽混合物。明胶是胶原在酸、碱或高温作用下的变性产物，是迄今为止生产和使用最多的胶原蛋白产品，其主要原料来源为动物的皮、骨及制革业废料等，市场上常见的明胶多以猪皮、牛皮或猪骨、牛骨等生物质废弃物制备，分为照相明胶、食用明胶（食品添加剂）、工业明胶（一般又叫皮胶）三个级别。胶原、胶原蛋白和明胶之间的区别见表 1.6。

表1.6 胶原、胶原蛋白和明胶之间的区别

名称	三螺旋结构结构是否变化	相对分子质量	是否溶于水	是否具有生物活性	是否可被蛋白酶利用
胶原	否	300000	否	是	否
胶原蛋白	是	几千到几万，分布范围宽，视制备情况而定	是	否	是
明胶	是	15000～250000	是	否	是

1.3.2 生物质黏结剂及其黏结作用

1.3.2.1 生物质黏结剂

截至目前，涉及以生物质原料为石墨电极黏结剂的研究甚少，但将其作为成型黏结剂的应用相对较广。例如，郑可利等以抗压强度为评价指标，通过优化加热时间、NaOH质量分数、黏结剂加入量、加热温度等影响参数，验证了改性腐殖酸作为烟煤型煤黏结剂的可行性。黄光许等将玉米秸秆或改性玉米秸秆作为型煤黏结剂，利用红外光谱对其化学结构进行研究，结果表明生物质黏结剂中存在大量未反应的生物纤维，其型煤中形成的网状结构有助于煤颗粒的内聚和凝结。杨凤玲等以发酵后的生物质为黏结剂，与煤炭及膨润土按一定比例混合制备生物质型煤，其质量满足《洁净型煤》DB13/1055—2009要求。张秋利等以改性淀粉为黏结剂制备型煤，与原淀粉相比，糊化和碱化淀粉对应的型煤抗压强度获得显著提升，分别达到3930N/个和2410N/个。Nieto-Delgado等采用木质素和水溶性硅酸盐作为型煤黏结剂制备无烟煤燃料块以代替传统燃料，相较于后者，该类燃料块在燃烧过程中释放的环境污染物大大减少。Muazu等探究了不同类型黏结剂（包括淀粉、改性生物固体和微藻）对共混生物质成型颗粒性能的影响，提出当稻壳∶玉米芯∶甘蔗渣＝2∶4∶1，成型压力为31MPa时，以微藻为黏结剂压制的成型颗粒具有最高的抗压强度。Rahaman和Salam对常温成型工艺下木屑与稻秆混合成型颗粒的机械性能进行研究，发现木屑可以作为稻秆成型颗粒的黏结剂，其不仅有助于提高混合成型颗粒的松弛密度，而且可以降低稻秆成型颗粒的成型能耗，特别是在25％木屑添加比例条件下，混合成型颗粒的压缩能耗可以降至最低。

1.3.2.2 生物质黏结作用

生物质颗粒的黏结是指在压力、温度及水分等各因素共同作用下，颗粒因发生弹塑性形变而产生的粒子间缠绕、胶合、嵌合及机械互锁等宏观物理粘合现象。在成型过程中，受压力和温度影响，生物质颗粒先后经历重新排列位置关系、颗粒机械变形和塑性流变等阶段，生物质内部木质素等物质发生软化熔融，由玻璃态逐渐转变为胶黏态，并产生胶黏作用；与此同时，生物质物料内部产生电化学反应，粒子间发生理化吸附并进一步增大颗粒间的宏观黏结强度。对于大颗粒而言，颗粒之间主要以交错黏结为主；当颗粒被压碎到一定程度后，颗粒间粘合力则以分子力、静电力以及液相附着力等为主。从热力学观点出发，成型过程是体系熵减的非自发过程，外力做功及黏结剂的存在是成型的重要条件。根据相关文献，生物质材料的成型黏结机理可大致归纳为以下作用方式：

1. 浸湿与桥接

以型煤为例，李登新等利用CD-A型协和接触角仪、CBVD型协和表面张力仪，研究了型煤与黏结剂的接触角和液态黏结剂的表面张力，发现煤粒与黏结剂之间的润湿是型煤

成型的前提条件，随着煤化程度的增加，煤与淀粉之间接触角变小，黏结功增加，煤被润湿的程度升高，型煤抗压强度提高。成型过程中，大部分煤粒被黏结剂润湿后可以通过"液体黏结桥"和"固体黏结桥"两种形式连接成型（图1.6），其中，液体黏结桥由颗粒间存在的液体润湿颗粒并扩散而形成，其主要受毛细管负压力与液体表面张力的合力支配。液体黏结桥干燥后发生固化，转变为固体黏结桥，赋予型煤能够承受机械力作用的骨架结构和机械强度。

图1.6 煤颗粒间桥接示意图

2. 机械啮合力和物理化学结合力

煤粒和黏结剂之间的作用过程尤为复杂，涉及润湿、传质、结合等多种过程，其相互间的结合往往是机械啮合力与物理化学结合力共同作用的结果。煤主要由有机物和矿物质组成，对生物质中高分子天然聚合物具有相似相容性。常温下，生物质中天然黏合剂如水溶性碳水化合物、木质素、蛋白质等与水发生水化、水解作用，一旦渗透到煤粒微孔结构中，即可在干燥固化后于结构界面上形成啮合力，将不同粒度的煤粒包裹、固定。在高压和高温条件下，生物质黏结剂发生软化并具有扩展性，进一步润湿物料颗粒；当压力恢复和冷却时，这些物质或形成化学键或发生分子间黏结，进一步固化成型。红外光谱和扫描电镜结果表明，型煤成型过程伴有新官能团生成，即型煤内颗粒间存在化学力。从分子间作用力和化学键角度分析，由于煤粒极性表面和非极性表面共存，因此可与生物质黏结剂通过共价键、氢键、静电力或色散力进行相互作用。

1.4 研究目的和内容

1.4.1 研究目的

在大力推行节能减排政策、积极应对全球环境污染的形势下，坚持科技创新，优化产品结构，降成本、增效益已然成为当前碳素工业发展的必然选择。本书在"生物质-碳素制品"资源开发互惠互利的理念下，基于生物质高温热塑性及炭化黏结特性，制备新型高密度特种石墨电极，在削减石墨电极生产过程环境污染、降低生产成本的同时，实现松木木质素、胶原蛋白等生物质废弃物的资源化和增值化利用。主要研究目标如下：

（1）甄别热压成型制备过程中显著性影响变量，及其与炭化电极性能指标及膨化行为之间的关联性，进而在合理控制生物质热解气态产物缓释的基础上，获得结构完整且高密度特种石墨电极的优化制备条件。

（2）借助多项表征分析技术，从生物质热解特性、热解动力学及热解固态产物物化特性等角度，分析共热解过程中松木木质素与胶原蛋白之间的相互作用关系，揭示特种石墨电极生产过程中共混生物质高温黏结作用机理。

1.4.2 拟解决的关键科学问题

（1）与煤沥青不同，松木木质素、胶原蛋白在传统成型温度（约150℃）下呈固态，高温液相转化区间窄、流动性差，且高温残炭率低。如何基于热压制备方法，调控制备炭化电极，以保证生物质黏结剂在焦炭颗粒表面及颗粒间孔隙内的浸润和紧密结合是本研究的关键科学问题。

（2）生物质热解和黏结成焦是高密度特种石墨电极制备的必要条件。如何基于"宏观测试-微观表征"研究生物质高温热解特性及炭化产物组成结构演变规律，阐明生物质黏结作用机理是本研究的另一关键科学问题。

1.4.3 研究内容

1. 基于生物质黏结剂的石墨电极制备及其性能研究

基于松木木质素、胶原蛋白原料特性，采用热压设备制备生电极；考察焙烧过程加热速率和冷却速率对炭化电极密度、电阻率、质量损失、膨化行为的影响；利用响应面方法学，建立显著试验变量与响应值（炭化电极密度及膨化行为）之间的半定量描述模型，优化最佳工艺参数；结合相关表征分析手段，阐明膨化行为与裂纹扩展、黏结剂组成与电极微观形貌、加热温度与石墨化程度之间的关联性。

2. 共热解过程中松木木质素与胶原蛋白协同作用关系研究

采用热失重分析（TGA）技术对松木木质素、胶原蛋白及其共混物热解特性进行研究，分析生物质共热解过程协同作用关系；通过 Flynn-Wall-Ozawa（FWO）积分法、Kissinger 微分法、Weibull 分布模型计算热解动力学参数（包括表面活化能、反应级数、频率因子等），明晰生物质共混热解反应过程；并结合热失重-质谱（TGA-MS）对热解气态产物变化规律进行分析，综合阐述松木木质素与胶原蛋白之间的相互作用机理。

3. 松木木质素与胶原蛋白共热解成碳演变与黏结机理研究

通过残炭率测定、元素分析、傅里叶红外光谱（FTIR）、扫描电子显微镜（SEM）等手段对不同热解温度下松木木质素、胶原蛋白及其共混物的炭化产物进行分析，探索热解过程中成炭率、组成元素、有机官能团（醇或酚 O—H、甲氧基 O—CH$_3$、脂肪族 C—H、芳香度指数等）及微观形貌等演变规律，进一步验证共热解过程中松木木质素与胶原蛋白之间的相互作用关系，进而揭示生物质黏结剂高温炭化黏结机理。

1.4.4 技术路线

本研究的技术路线如图 1.7 所示。

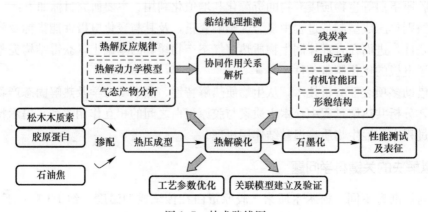

图 1.7 技术路线图

第 2 章　基于生物质黏结剂的石墨电极制备及其性能

木质素作为一种无定形的热塑性高聚物，具有玻璃态转化性质，其在室温下稍显脆性，在玻璃态转化温度下呈玻璃态，在玻璃态转化温度以上时，木质素分子链发生运动，软化变黏并具有黏结力。类似于煤沥青的液相炭化，木质素热解过程遵循自由基反应机理，其分子结构中烷基芳基醚键和端基官能团可以产生多种自由基。这些自由基前驱体经过一系列热诱导反应如交联反应、分子重排、芳构化作用后形成高度稠环芳烃，并最终炭化为具有类石墨结构的无定形炭。随着热解温度的提高，木质素炭化程度逐渐加深，所得生物炭电阻率急剧下降，1400℃时可低于 $0.2\Omega \cdot cm$。相比绿原酸、果胶、纤维素和烟草基等生物炭，木质素焦炭高度交联，呈高温惰性，热解过程中释放的 PAHs 类物质相对较少。

而对于胶原蛋白，由于分子结构中可离子化官能团的两性作用及大量交联活性位点的存在，其在室温条件下可表现出优异的黏结特性。在热力作用下，胶原蛋白氢键及部分共价键断裂形成热可逆产物明胶，将其用于电极生产具有明显优势，如高强黏结性、原料有效分散性及电化学稳定性。Drofenik 研究证实，明胶满足作为阳极碳棒黏结剂的性能使用要求，当明胶质量掺量为 1% 时，电极微观结构及机械稳定性能可以得到明显改善。

尽管如此，以松木木质素、胶原蛋白为黏结剂制备高密度特种石墨电极仍然存在诸多挑战：①与热熔型煤沥青不同，松木木质素和胶原蛋白在传统成型温度（约 150℃）下呈固态，高温液相转化区间窄、流动性差，无法在同等条件下充分润湿、渗透至石油焦表面或内部形成黏结焦网络；②松木木质素和胶原蛋白热解过程伴随大量气态产物的释放，热解固态产物低温条件下膨胀发脆，易导致炭化电极发生畸形或产生裂纹；③受限于原材料基本特性，松木木质素和胶原蛋白原料含碳量及高温残炭率低，依赖传统制备工艺无法实现石墨电极的高密度化。

为此，本章通过加热溶解胶原蛋白，以充分浸润物料颗粒表面，达到增强物料颗粒间亲和力、辅助生电极成型的目的；并利用热压装置在控制生物质热解气态产物提前缓释的同时持续施压，确保后续焙烧阶段炭化电极的高密度和结构完整性。鉴于石墨化处理耗时冗长，本章侧重于利用响应面方法学考察物料组成、热压温度等试验变量对炭化电极性能和膨化行为的影响，并结合相关表征分析，综合阐明膨化行为与裂纹扩展、黏结剂组成与电极微观形貌、加热温度与石墨化程度之间的关联性。

2.1　材料与方法

2.1.1　原料

松木木质素通过 Lignoboost™ 高效萃取分离工艺酸析制浆黑液获得。风干后的松木木质素经粉碎、低温（40～50℃）烘干 72h 后，研磨过 100 目筛。胶原蛋白为淡黄色颗粒物，提取自动物组织器官，主要由甘氨酸（NH_2CH_2COOH，34%）、脯氨酸（$C_5H_9NO_2$，12%）、羟脯氨酸（$C_5H_9NO_3$，10%）、丙氨酸（CH_3CHNH_2COOH，10%）、谷氨酸

(COOHCH$_2$CH$_2$CHNH$_2$COOH，7%)等氨基酸构成。石油焦包括颗粒和粉末两种形态，其粒径分布见表2.1。

石油焦颗粒及粉末粒径分布（质量分数）　　表 2.1

筛孔直径（目）	14～20	20～30	30～40	40～50	50～100	100～200	200～
石油焦颗粒（%）	8.33	61.29	25.18	4.40	0.46	0.1	0.24
石油焦粉末（%）	—	—	—	—	7.39	53.49	39.12

2.1.2 生电极制备

称取适量胶原蛋白于60～70℃去离子水中加热溶解成胶原蛋白水溶液，加入混合均匀的松木木质素、石油焦颗粒及粉末等干料（通常为30mL H$_2$O/200g 干料），搅拌至均质，其中颗粒或粉末掺量以占石油焦总质量的百分比计（即颗粒%＋粉末%＝100%）。逐次填压上述混合物至成型模具内（内径尺寸为3.5cm，高度为19cm），并固定在热压装置中（图2.1，主要包括剖分式加热炉、密封保温腔、水循环冷凝装置、温控器、液压手泵等）。密封通氮20min，加热至指定温度（100～400℃）后恒温1～4h，加热期间断性施压（30～75MPa）以缓慢释放热解气体。待加热结束、模具完全冷却后，取出生电极试样[图2.2(a)]，其直径一般为3.5cm，长度为9～12.5cm。

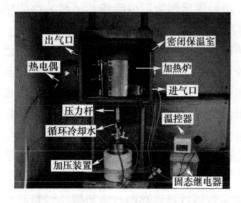

图 2.1　实验室自制热压装置示意图

图 2.2　电极类型

2.1.3 焙烧及石墨化处理

在 N$_2$ 气氛（流量为50mL/min）下，采用不同焙烧工艺对生电极进行焙烧处理，重点考察加热速率和冷却速率对炭化电极[图2.2(b)]性能的影响。焙烧过程包括脱水（105℃）、热解（105～500℃）、炭化（500～800℃）和冷却（800～25℃）四个阶段，具体焙烧程序如图2.3和表2.2所示。无特殊说明，后期均采用程序C进行焙烧处理。炭化电极试样根据SGL公司标准程序进行石墨化处理（2800～3000℃），以获得石墨电极[图2.2(c)]。

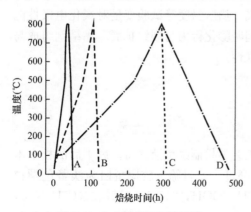

图 2.3　生电极焙烧程序曲线

表 2.2　生电极炭化处理焙烧程序

焙烧程序	加热速率（℃/min）		冷却速率（℃/min）
	25~500℃	500~800℃	800~25℃
A	0.25	1.25	1.08
B	0.10	0.21	1.08
C	0.04	0.07	1.08
D	0.04	0.07	0.07

2.1.4　性能测试及表征

1. 灰分测定

参照美国材料与试验协会《煤和焦炭分析样品中灰分的标准试验方法》（ASTM D3174-12）标准测试试样灰分含量，具体方法为：称取 1g 试样于带盖氧化铝坩埚中，放至水平管式炉内缓慢加热，1h 内升温至 500±10℃，继续加热 1h，升温至 750±15℃，恒温 2h 后取出置于瓷板上，待其冷却至室温后称重。灰分含量（Ash,%）按下式进行计算：

$$Ash = \frac{m_2 - m_1}{m_3 - m_1} \times 100\% \tag{2.1}$$

式中：m_1——坩埚质量，g；

m_2——反应后坩埚与试样总质量，g；

m_3——反应前坩埚与试样总质量，g。

2. 挥发分测定

参照美国材料与试验协会《煤和焦炭分析样品中挥发性物质的标准试验方法》（ASTM D3175-11）标准测试试样挥发分含量，具体方法为：称取 1g 试样于带盖氧化铝坩埚中，迅速送入预先加热至 950℃ 的水平管式炉中，密闭状态下加热 7min 后迅速取出置于瓷板上，待其冷却至室温后称重。挥发分含量（V,%）按下式进行计算：

$$V = \frac{m_4 - m_5}{m_4} \times 100\% \tag{2.2}$$

式中：m_4——试样初始质量，g；

m_5——试样加热后质量，g。

3. 固定碳测定

参照美国材料与试验协会《煤和焦炭近似分析标准操作规程》（ASTM D3172-13）标准测试试样固定碳含量。固定碳含量（C,%）为试样除去水分、灰分和挥发分后的残留物，对于干燥试样，固定碳含量可通过下式计算：

$$C = 100 - (Ash + V) \tag{2.3}$$

4. 密度（体积密度）测试

基于阿基米德原理，采用"浸没法"测定试样密度（$\rho_{物}$, g/cm³），即 $\rho_{物} = \rho_{水} \times m_0 / (m_0 - m_1)$，其中，$\rho_{水}$（g/cm³）是测试用水的密度，$m_0$（g）是物体在空气中的质量，$m_1$（g）是物体浸没水中时的质量。为避免因试样内部孔隙被液体填充引起的测试误差，密度测试一般在 5s 内完成。

5. 电阻率测试

基于伏安法利用安捷伦 HP-4980 LCR 测量仪测定试样电阻率。将测试试样表面预先刨平、打磨后置于伸缩夹具电极之间，通以一定的电压（100mV），记录试样电阻值。重复测试取平均值，按下式计算电阻率（ρ，$\mu\Omega \cdot m$）：

$$\rho = RA/L \tag{2.4}$$

式中：R——试样电阻值，$\mu\Omega$；
　　　A——试样与夹具电极之间的接触面积，m^2；
　　　L——试样长度，m。

6. 质量损失率及膨化率测试

焙烧及石墨化处理过程中试样质量损失率（ML，%）及膨化率（P，%）以高温处理前后质量及长度变化计，即：

$$ML = (M_0 - M_1)/M_0 \times 100\% \tag{2.5}$$

$$P = (L_0 - L_1)/L_0 \times 100\% \tag{2.6}$$

式中：M_0——高温处理前试样质量，g；
　　　M_1——高温处理后试样质量，g；
　　　L_0——高温处理前试样长度，cm；
　　　L_1——高温处理后试样长度，cm。

7. 组成与形貌表征

原料中C、H、S、N等元素含量通过元素分析仪（EA 1110 Fisons，日本Shimadzu公司）进行测定，O元素含量通过差值计算确定。

利用超高分辨率场发射扫描电子显微镜（Nova NanoSEM 630，荷兰FEI公司）观察试样微观结构和形貌，测试前将试样粘附于碳素导电胶表面，经喷铱处理后放置于样品测试台上。

通过光学显微镜对试样的微观结构和形貌进行分析，试样直径尺寸要求小于2.54cm，试样经抛光处理后与环氧树脂充分混合，置于PVC圆柱体模具中抽真空去除气泡，待环氧树脂固化后脱模取出试样，对其表面进行打磨抛光处理，隔夜干燥后在白光下利用625×油浸物镜和40×Zeiss通用光学显微镜观察，并通过Zeiss AxioCam相机获得图像照片。

拉曼光谱采用WITec CRM 200型共聚焦MicroRaman系统进行测定，配备冷却CCD相机及488nm、515nm、633nm和785nm激光线。采用40×显微镜物镜聚焦激发激光束以收集拉曼散射信号。

2.1.5　试验设计及数据分析

1. 部分因子试验设计

部分因子试验在假定高阶交互作用不显著的情况下，将全因子试验压缩，通过改变所选因素的水平组合和试验顺序，快速筛选对响应变量影响最为显著的试验变量。在本研究中，以松木木质素含量（A）、胶原蛋白含量（B）、石油焦粉末含量（C）、热压压力（D）、热压温度（E）、恒温时间（F）为试验变量，每个变量设定低（-1）、高（$+1$）两个水平，设计2^{6-2}部分因子试验，具体参数见表2.3。

部分因子试验变量选择和水平设计　　　　表2.3

试验变量	变量描述	低水平（-1）	高水平（$+1$）
A	松木木质素含量（%）	2	24
B	胶原蛋白含量（%）	2	10

续表

试验变量	变量描述	低水平（−1）	高水平（+1）
C	石油焦粉末含量（%）	20	80
D	热压压力（MPa）	30	75
E	热压温度（℃）	100	400
F	恒温时间（h）	1	4

2. 单因素影响试验设计

基于单因素影响试验，确定各试验变量的最适取值范围，拟考察的试验变量与部分因子试验相同。

3. 响应面优化分析

响应面法（Response Surface Methodology，简称 RSM）是以试验设计与数理统计为基础，利用显式模型表示试验变量与响应指标间隐式功能函数的应用方法。不同于正交试验设计方法，响应面分析法是在连续范围内对试验变量进行优化，拟合获得试验变量与响应值之间的函数表达式。在运用响应面法进行过程优化的实践中，采用 Design-Expert® Version 9 软件，选择 Box-Behnken 试验设计方法设计四变量三水平试验，建立包括各显著因素的一次项、平方项和任何两个因素之间的一级交互作用项的数学模型，拟合出试验变量与响应指标之间的全局函数关系。响应面分析法对试验数据的拟合程度及显著性通过方差分析（AVONA）参数，如相关系数 R^2、概率 $P(prob>F)$ 值、费舍尔检验值（F-value）、失拟项（Lack of fit）等检验。对函数响应面和等高线进行分析，确定多试验变量系统最佳组合及最优响应值，并通过试验验证函数模拟的可靠性。响应面试验设计方法中的试验变量和取值范围，借助于部分因子试验及单因素影响试验预先筛选和确定。

2.2 原料工业分析和元素分析

对松木木质素、胶原蛋白和石油焦等原料进行元素分析和工业分析。如表 2.4 所示，不同试样元素组成差异明显，松木木质素、胶原蛋白中 C 含量介于 47%～66% 之间，明显低于石油焦（98.38%），而 H、N、S 含量则相对较高，这与生物质分子结构中大量羟基、羰基、羧基、甲氧基、氨基等有机官能团的存在相关。相比胶原蛋白和石油焦，松木木质素中 S 元素含量偏高，主要归因于酸析工艺中硫酸的使用。由于氨基酸是构成胶原蛋白的基本单元，因此胶原蛋白含 N 量相对丰富（>17%）。工业分析结果表明，松木木质素和胶原蛋白中挥发分含量较高（>80%），固定碳含量较少（<19%）；与之相反，由于石油焦本质是部分石墨化的碳素形态，因此固定碳含量相对较高（>91%）。灰分含量（即无机盐和氧化物）方面，三种原料试样均低于 2%。热值（又称卡值或发热量）是表示物质燃烧供能的重要指标，松木木质素、胶原蛋白试样的热值介于 21～26 MJ/kg 之间，尽管略微低于石油焦（33.48MJ/kg），但仍属于高热值原料。

表 2.4 原料元素分析及工业分析结果（干基计，Wt.%）

样品	C	H	N	S	挥发分	固定碳	灰分	热值(MJ/kg)
松木木质素	65.11	6.04	0.06	1.77	80.26	18.65	1.09	25.86
胶原蛋白	47.32	7.25	17.35	0.93	95.65	3.85	0.50	21.56
石油焦	98.38	0.15	0.82	0.60	8.88	91.02	0.10	33.48

注：热值=[338.2×C%+1442.8×(H%−O%/8)]×0.001。

2.3 焙烧程序对炭化电极性能的影响

不同焙烧程序下，不同原料组成的生电极焙烧结果如图 2.4 所示，其中样品 1 制备条件为：松木木质素含量 8%，胶原蛋白含量 6%、石油焦含量 86%（粉末 29.75%，颗粒 70.25%），热压温度 350℃，热压压力 60MPa，恒温时间 2h；样本 2 制备条件为：松木木质素含量 15%，胶原蛋白含量 6%、石油焦含量 79%（粉末 30%，颗粒 70%），热压温度 400℃，热压压力 45MPa，恒温时间 2h。可以看出，随着加热速率的减小，炭化电极密度逐渐增加，电阻率、质量损失率和膨化率逐渐减小。由于松木木质素/胶原蛋白热解主要发生在 150~500℃ 温度区间内，伴有大量气态产物如 H_2O、CO、CO_2、NH_3、甲醛、甲醇、甲烷、酚类化合物等的逸出，因此，较低的加热速率有利于促进碳质产物的积累，改善碳质结构的密实度，增强炭化电极的导电性能。同时，较低的加热速率（0.04℃/min）亦有利于微孔结构的形成及热解产物的缓释，对焙烧过程膨化行为及其造成的裂纹扩展具有良好的抑制作用。在焙烧程序 C 条件下，炭化电极试样的密度和电阻率可达 1.67g/cm³ 和 200~525μΩ·m，焙烧过程质量损失和膨化率分别介于 7.5%~8.5% 和 3.5%~5.7% 之间。较低的降温速率表现出负面效应，主要因为高温作用下热解产物的二次裂解容易造成碳源的流失。由此可见，加热速率是决定炭化电极性能的重要控制参数；适当降低加热速率、升高降温速率有助于增强炭化电极性能，降低焙烧过程能耗。

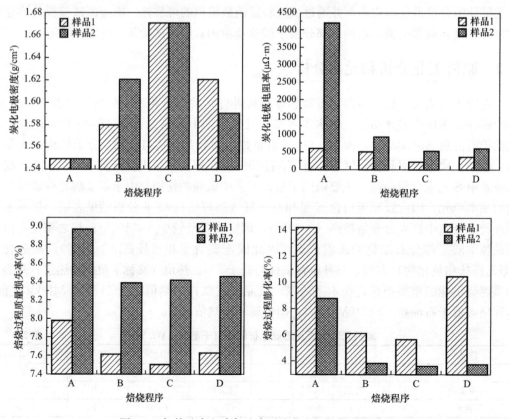

图 2.4 加热速率和冷却速率对炭化电极性能的影响

2.4 炭化电极优化制备

2.4.1 部分因子试验

基于部分因子试验,考察各试验变量对生电极密度(Y_1)和炭化电极密度(Y_2)的影响,以获得显著性试验变量。部分因子试验结果以及不同响应值对应的半正态概率图和 Pareto 图分别如表 2.5、图 2.5、图 2.6 所示。

部分因子试验设计及结果　　　　　　　　表 2.5

序号	松木木质素含量(A,%)	胶原蛋白含量(B,%)	石油焦粉末含量(C,%)	热压压力(D,MPa)	热压温度(E,℃)	恒温时间(F,h)	生电极密度(Y_1,g/cm³)	炭化电极密度(Y_2,g/cm³)
1	2	2	20	30	100	1	1.61	1.50
2	2	10	20	30	400	1	1.85	1.68
3	2	10	80	30	100	1	1.61	1.41
4	2	2	80	75	400	1	1.33	1.25
5	2	10	80	30	100	4	1.63	1.38
6	2	2	80	30	400	4	1.25	1.18
7	2	2	20	75	100	4	1.82	1.63
8	2	10	20	75	400	4	1.90	1.68
9	24	2	20	30	100	1	1.36	1.24
10	24	10	80	30	400	1	1.62	1.47
11	24	10	20	30	100	1	1.67	1.20
12	24	2	20	75	400	1	1.69	1.56
13	24	10	20	30	100	4	1.68	1.20
14	24	2	20	30	400	4	1.59	1.37
15	24	2	80	75	100	4	1.45	1.10
16	24	10	80	75	400	4	1.36	1.28

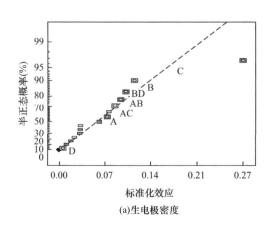
(a)生电极密度

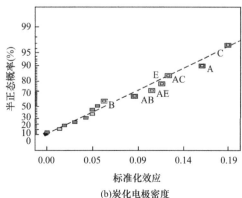
(b)炭化电极密度

图 2.5　不同响应值半正态概率图

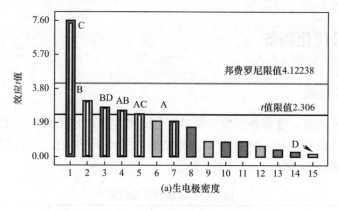

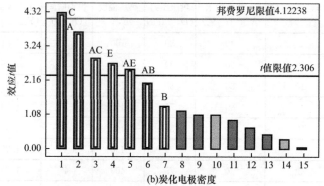

图 2.6 不同响应值 Pareto 图

对部分因子试验结果进行统计分析,建立不同试验变量与响应值之间的多元线性回归方程:

$$Y_1 = 1.580 - 0.036A + 0.063B - 0.140C - 0.003D - 0.046AB + 0.046AC - 0.057BD$$

$$Y_2 = 1.380 - 0.080A + 0.030B - 0.094C + 0.062E - 0.046AB + 0.063AC + 0.057AE$$

不同响应值对应的 ANOVA 方差分析结果见表 2.6 和表 2.7。对于生电极密度而言,B、C、BD、AB 为主效应。其中,C 对响应值呈现负效应,而 B、BD、AB 呈现正效应,即随着石油焦粉末含量的降低和胶原蛋白含量的增加,生电极密度逐渐提高;通过 ANOVA 方差分析获得模型的 F 值为 13.93,P 值等于 0.007,即表明模型的回归效果是显著的。相关系数 R^2 及其预测值分别是 0.9242 和 0.8579,表明多元线性回归方程能够有效拟合部分因子试验结果。对于炭化电极密度而言,C 对响应值呈现负效应,A、E、AC、AE 则呈现正效应。ANOVA 方差分析亦表明模型具有显著性。结合上述分析结果,选择松木木质素含量(A)、胶原蛋白含量(B)、石油焦粉末含量(C)、热压温度(E)作为响应面优化的显著试验变量。

表 2.6 部分因子试验方差分析(响应值:生电极密度)

误差来源	平方和	自由度 df	均方	F 值	P 值	显著性
模型	0.51	7	0.073	13.93	0.0007	显著
A	0.021	1	0.021	4.01	0.0801	
B	0.053	1	0.053	10.02	0.0133	

续表

误差来源	平方和	自由度 df	均方	F 值	P 值	显著性
C	0.3	1	0.3	57.73	<0.0001	
D	0.00011	1	0.00011	0.021	0.888	
AB	0.034	1	0.034	6.53	0.0339	
AC	0.028	1	0.028	5.38	0.0489	
BD	0.04	1	0.04	7.63	0.0246	
残差	0.042	8	0.00524			
总计	0.55	15				
标准差	0.072			R^2	0.9242	
平均值	1.59			校正 R^2	0.8579	
变异系数	4.56			预测 R^2	0.6516	
PRESS 值	0.19			精准度	13.656	

表 2.7 部分因子试验设计方差分析（响应值：炭化电极密度）

误差来源	平方和	自由度 df	均方	F 值	P 值	显著性
模型	0.47	7	0.068	9.17	0.0028	显著
A	0.100	1	0.100	13.55	0.0062	
B	0.014	1	0.014	1.85	0.2108	
C	0.14	1	0.14	18.62	0.0026	
E	0.055	1	0.055	7.40	0.0262	
AB	0.032	1	0.032	4.35	0.0705	
AC	0.061	1	0.061	8.30	0.0205	
AE	0.046	1	0.046	6.28	0.0366	
残差	0.059	8	0.007368			
总计	0.53	15				
标准差	0.086			R^2	0.8891	
平均值	1.38			校正 R^2	0.7921	
变异系数	6.21			预测 R^2	0.4628	
PRESS 值	0.29			精准度	8.774	

2.4.2 单因素试验分析

基于单因素试验，考察不同热压制备条件对生电极和炭化电极密度的影响，结果如图 2.7 所示。热压制备条件为：松木木质素含量 4~24%，胶原蛋白含量 2~10%，石油焦粉末含量 0~45%，热压温度 200~400℃，热压压力 15~60MPa，恒温时间 2~6h。在同一试验变量下，不同类型电极密度变化趋势有所差异。鉴于炭化电极密度是评估生物质黏结剂黏结性能的主要依据，因此本研究仅对炭化电极密度变化进行讨论。

石油焦粉末含量对炭化电极密度的影响如图 2.7(a) 所示。随着石油焦粉末含量的增加，炭化电极密度呈现先增后降的变化趋势。石油焦级配分布对炭化电极密度的影响至关重要，过量的石油焦粉末在表面能作用下可以结合更多的黏结剂，易造成黏结剂分布不均、炭化固结能力减弱，甚至无法提供生电极成型所需的黏结强度。而过少的石油焦粉末在搅拌过程中易产生偏析现象，同时因粒径过细，石油焦粉末难以充实物料间空隙，发挥增强黏结剂桥接的作用。

胶原蛋白和松木木质素含量对炭化电极密度的影响规律基本一致，如图 2.7(b) 和图 2.7(c) 所示，随着胶原蛋白和松木木质素含量的增加，炭化电极密度均表现为先增大后减小的变化趋势。共混生物质在常温及高温条件下通过浸润、渗透和黏结作用辅助石油焦颗粒及其粉料成型，并在炭化处理过程中形成炭质骨架，构建黏结焦网络以固结石油焦颗粒和粉末。焙烧过程中，过量的黏结剂容易导致质量损失严重、孔隙率增加，不利于炭化电极密度的提高；而过少的黏结剂则无法固结石油焦颗粒和粉末，提供试样成型所需的黏结强度。

热压压力对炭化电极密度的影响如图 2.7(d) 所示。增加热压压力通常有助于增强黏结剂团聚作用，促使石油焦颗粒致密化，提高生电极密度。然而，与生电极不同，受制于生物质黏结剂的使用特性以及热压工艺，炭化电极密度呈现出不同的变化规律，这可以解释为：当热压压力超过一定限值后，材料失去弹性，弹性后效应力足以使材料内部薄弱区域产生缺陷。焙烧过程中，这些缺陷区域往往成为热解气态产物的逸出通道，是导致炭化电极内部结构遭到破坏、裂纹加剧扩展、电极密度下降的重要原因。

热压温度对炭化电极密度的影响如图 2.7(e) 所示。由图 2.7(e) 可知，随着热压温度的升高，炭化电极密度不断增大。松木木质素/胶原蛋白共混热解经历裂解、芳构化、成碳等一系列化学反应，伴随大量热解气态产物的逸出，其质量损失主要集中在 150～500℃ 温度区间。持续施压状态下热解气态产物的提前释放无疑有利于提高生电极密度，抑制后期焙烧过程中膨化行为的发生以及裂纹的扩展。可以看出，即使经过 400℃ 热压处理后，松木木质素和胶原蛋白仍然可以在石油焦颗粒及粉末表面或内部形成较为牢固的黏结体系，维持生电极内部结构基本不变形或发生破损。

恒温时间对炭化电极密度的影响如图 2.7(f) 所示。当恒温时间过短时，生物质黏结剂热解不完全，无法形成黏结焦固结石油焦颗粒与粉末，所得生电极的机械强度较差；同时，焙烧过程中大量气态产物的释放缺少贯穿性"呼吸通道"，容易造成膨化行为的发生。当恒温时间过长时，一旦生物质黏结剂固化成型，生电极在压力作用下极有可能发生脆性断裂，此外，热解产物次级反应也可能加剧质量损失，致使炭化电极密度下降。

基于上述试验结果，进一步确定响应面试验变量取值范围为：松木木质素含量 2%～20%，胶原蛋白含量 2%～10%，石油焦粉末含量 10%～30%，热压温度 350～400℃。

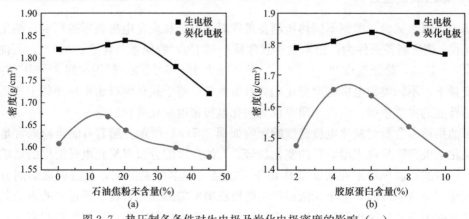

图 2.7 热压制备条件对生电极及炭化电极密度的影响（一）

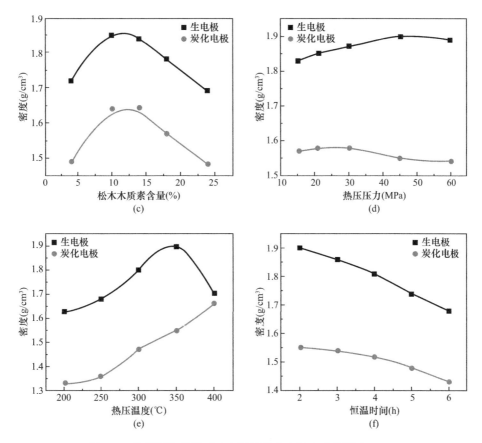

图 2.7 热压制备条件对生电极及炭化电极密度的影响（二）

2.4.3 响应面试验分析

2.4.3.1 响应面试验设计与结果

在部分因子及单因素试验基础上，以炭化电极密度（Y_1）和膨化率（Y_3）为响应值，根据 Box-Behnken 试验设计原理对筛选出的 4 个显著试验变量（松木木质素含量（A）、胶原蛋白含量（B）、石油焦粉末含量（C）、制样温度（D））进行响应面优化试验，试验设计及试验结果见表 2.8。其中，重复试验样品的制备条件为：松木木质素 11%，胶原蛋白 6%，石油焦粉末 20%，热压温度 375℃，热压压力 30MPa，恒温时间 2h，对应的炭化电极密度为 1.594±0.016g/cm³，即表明试验具有良好的可重复性。

Box-Behnken 试验设计及试验结果　　　　表 2.8

序号	松木木质素 (X_1,%)	胶原蛋白 (X_2,%)	石油焦粉末 (X_3,%)	热压温度 (X_4,℃)	炭化电极密度 (Y_2, g/mL)	膨化率 (Y_3,%)
1	11	6	30	400	1.65	5.09
2	11	10	10	375	1.52	11.51
3	11	6	10	400	1.64	2.79
4	11	2	20	400	1.65	7.43

续表

序号	松木木质素 (X_1,%)	胶原蛋白 (X_2,%)	石油焦粉末 (X_3,%)	热压温度 (X_4,℃)	炭化电极密度 (Y_2, g/mL)	膨化率 (Y_3,%)
5*	11	6	20	375	1.62	9.65
6	2	6	10	375	1.50	8.06
7	2	6	20	400	1.52	12.72
8	20	6	20	350	1.52	3.39
9	11	10	20	400	1.63	6.22
10	11	2	10	375	1.62	4.61
11*	11	6	20	375	1.60	7.73
12	2	10	20	375	1.31	18.93
13	11	10	30	375	1.48	5.22
14	2	6	20	350	1.35	8.32
15	11	2	30	375	1.63	7.11
16*	11	6	20	375	1.59	8.23
17	20	6	30	375	1.52	2.39
18*	11	6	20	375	1.57	8.45
19	20	6	20	400	1.59	2.05
20	11	6	30	350	1.52	6.92
21	11	6	10	350	1.52	4.40
22	20	2	20	375	1.57	7.39
23	11	6	30	350	1.53	8.02
24	2	6	30	375	1.43	9.54
25	2	2	20	375	1.39	7.81
26*	11	6	20	375	1.59	8.56
27	20	6	10	375	1.50	0.45
28	11	10	20	350	1.48	7.71
29	20	10	20	375	1.54	2.01

2.4.3.2 回归模型与方差分析

通过对表2.8中试验数据进行分析处理，建立不同试验变量对炭化电极密度影响的模拟回归模型，获得炭化电极密度的二次多项回归方程：

$$Y_2 = 1.590 + 0.062A - 0.036B - 0.006C + 0.063D + 0.012AB + 0.023AC - 0.025AD - 0.012BC + 0.008BD + 0.003CD - 0.100A^2 - 0.029B^2 - 0.006C^2 + 0.003D^2$$

对回归模型进行方差分析，结果见表2.9。模型F值为13.93，P值等于0.007，即表明模型的回归效果是显著的。常量项P值大小表示模型及试验变量的显著水平，$P<0.0001$说明该模型回归显著，模型中单个试验变量A、D和二次项A^2对响应值的影响高度显著（$P<0.01$），单个试验变量B对响应值的影响较为显著（$P<0.05$），而其余项呈非显著性影响；失拟度表示模型方程预测值与试验值的偏差程度，失拟度>0.05说明该模型失拟不显著；由残差正态概率分布（图2.8）可以看出，此图上的点大致分布在一条直线上，不存在任何明显离群值，表明本试验中的残差呈正态分布，回归方程适合用于响应值预测和分析；相关系数$R^2=0.9061$与其校正系数$R^2=0.8122$相差较小，说明试验数据中90.61%的响应值变化可以采用回归模型解释且可信度高；模型预测值和试验值对比结果（图2.9）表明两者基本接近，可以借助拟合方程对试验未涉及的相关区域进行计算预测。

表2.9 Box-Behnken试验设计方差分析（炭化电极密度）

误差来源	平方和	自由度 df	均方	F 值	P 值	显著性
模型	0.19	14	0.014	9.65	<0.0001	显著
A	0.046	1	0.046	32.03	<0.0001	显著
B	0.015	1	0.015	10.82	0.0054	显著
C	4.08×10^{-4}	1	4.08×10^{-4}	0.29	0.6008	不显著
D	0.048	1	0.048	33.79	<0.0001	显著
AB	6.25×10^{-4}	1	6.25×10^{-4}	0.44	0.5185	不显著
AC	2.03×10^{-3}	1	2.03×10^{-3}	1.42	0.2530	不显著
AD	2.50×10^{-3}	1	2.50×10^{-3}	1.75	0.2065	不显著
BC	6.25×10^{-4}	1	6.25×10^{-4}	0.44	0.5185	不显著
BD	2.25×10^{-4}	1	2.25×10^{-4}	0.16	0.6971	不显著
CD	2.50×10^{-5}	1	2.50×10^{-5}	0.018	0.8965	不显著
A^2	0.071	1	0.071	50.12	<0.0001	显著
B^2	5.33×10^{-3}	1	5.33×10^{-3}	3.74	0.0735	不显著
C^2	2.47×10^{-4}	1	2.47×10^{-4}	0.17	0.6836	不显著
D^2	4.31×10^{-5}	1	4.33×10^{-5}	0.030	0.8641	不显著
残差	0.020	14	1.43×10^{-3}			
失拟项	0.019	10	1.86×10^{-3}	10.96	0.0549	不显著
纯误差	1.32×10^{-3}	4	3.30×10^{-4}			
总计	0.21	28				
标准差	0.038		R^2	0.9061		
平均值	1.54		校正 R^2	0.8122		
变异系数%	2.46		预测 R^2	0.4852		
PRESS值	0.11		精准度	11.712		

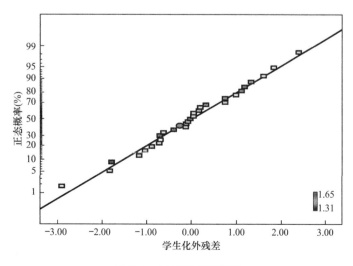

图2.8 残差正态概率图

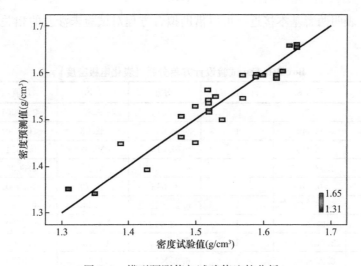

图 2.9　模型预测值与试验值比较分析

2.4.3.3　等高线分析

基于回归模型方差分析，各试验变量对响应值的三维曲线及其对应的等高线如图 2.10、图 2.11 和图 2.12 所示。等高线形状可直观反映预测值和试验值之间的关系以及试验变量交互效应的强弱程度。若等高线为圆形，表明两试验变量间交互作用不显著；若为椭圆形或马鞍形则表明交互作用显著。由图 2.10 可知，当石油焦粉末含量为 20％，热压温度为 400℃时，随着松木木质素和胶原蛋白含量的增加，炭化电极密度呈先增后减的变化趋势，在横向和纵向方向变化明显，且松木木质素含量与胶原蛋白含量两者相互作用的等高线为椭圆形，表明两者对炭化电极密度的交互影响显著。类似的现象也存在于胶原蛋白含量为 6％，热压温度为 400℃条件下（图 2.11），但变量间交互作用强度有所差异。与上述现象不同，当胶原蛋白含量为 6％，石油焦粉末含量为 20％时，恒定松木木质素含量条件下，随着热压温度的升高，炭化电极密度则持续增加（图 2.12）。值得一提的是，由于炭化电极密度在很大程度上取决于焙烧后组分的炭残量和质量比例，因此可以通过提高热压温度促进更多热解气态产物的提前释放，减少焙烧阶段炭化电极的质量损失，从而增强炭化电极密度。

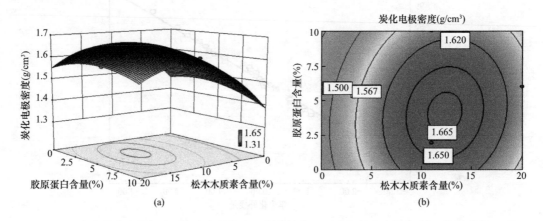

图 2.10　松木木质素含量与胶原蛋白含量的交互影响效应（石油焦粉末含量 20％，热压温度 400℃）

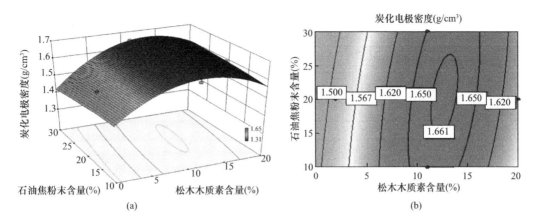

图 2.11 松木木质素含量与石油焦粉末含量的交互影响效应（胶原蛋白含量 6%，热压温度 400℃）

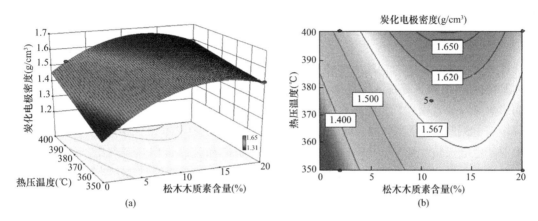

图 2.12 松木木质素含量与热压温度的交互影响效应（胶原蛋白含量 6%，石油焦粉末含量 20%）

基于响应面曲面和等高线分析，通过软件 Optimization Numerical Solution 获得新型石墨电极最佳制备工艺条件，即松木木质素含量为 12.961%，胶原蛋白含量为 3.561%，石油焦粉末含量为 27.438%，热压温度为 400℃，恒温时间为 2h。在该条件下，对应的炭化电极密度预测值为 1.671g/cm³。

为了评估模型预测的准确性，根据响应面优化分析结果进行验证试验。重复试验算术平均值及其与模型预测值之间的相对误差见表 2.10。可以看出，模型预测值与实际平均值之间无显著差异，模型优化有效可靠。与文献值相比（表 2.11），以松木木质素/胶原蛋白为黏结剂制备的炭化电极密度更具优势。

响应面模型验证试验结果　　　　　　　　　　　　　　　　　　　表 2.10

序号	1	2	3	算术平均值	模型预测值	相对误差
炭化电极密度（g/cm³）	1.65	1.69	1.66	1.667	1.671	0.015

不同黏结剂条件下炭化电极密度比较　　　　　　　　　　　　　　表 2.11

黏结剂类型	膨化抑制剂（Wt.%）	最高焙烧温度（℃）	炭化电极密度（g/cm³）
沥青	—	900	1.484
沥青	—	1000	1.420

续表

黏结剂类型	膨化抑制剂（Wt.%）	最高焙烧温度（℃）	炭化电极密度（g/cm³）
沥青	1% Na$_2$HPO$_4$·12H$_2$O	900	1.496
沥青	3.5%硫酸亚铁	900	1.551
沥青	2%硼酸	900	1.508
煤焦油沥青	1%NiO	900	1.544
煤焦油沥青	1%C$_o$O	900	1.548
沥青	1% Fe$_2$O$_3$	900	1.523
沥青	2.5% B$_2$O$_3$	900	1.488
沥青	1% B$_4$C	900	1.515
沥青	0.8%硼	900	1.532
生物质黏结剂	—	800	1.667

2.5 膨化行为与裂纹形成

膨化行为是一种不可逆的固体体积膨胀行为，其显著性特征在于焙烧和石墨化过程中固体基质内含 N 和 S 等挥发性气体的集中释放。膨化的发生可能导致孔隙和裂缝的出现，从而影响材料表观密度、抗弯强度、热导率和导电性等性能。区别于传统石墨电极石墨化过程中 C—S 键断裂急剧释放含硫气体产生的"气胀"现象，本研究中膨化行为的诱因主要来源于生电极焙烧阶段（150～800℃）松木木质素和胶原蛋白热解气态产物的持续释放。普通生电极表面以及炭化电极上不同类型裂纹如图 2.13 所示。热压制备前，对模具进行预润滑处理，可以获得表面光滑的生电极 [图 2.13(a)]。在焙烧过程中，取决于各项制备工艺条件，试样或产生微裂纹 [图 2.13（b）] 或出现严重的水平裂纹 [图 2.13(c)、(d)]。

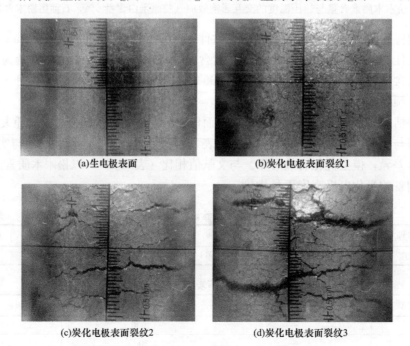

(a)生电极表面　　　　　　　(b)炭化电极表面裂纹1

(c)炭化电极表面裂纹2　　　　(d)炭化电极表面裂纹3

图 2.13　生电极表面及炭化电极表面裂纹类型

不同制备工艺条件下,生电极焙烧过程膨化率与裂纹形成之间的关系如图 2.14 和表 2.12 所示。本研究中,膨化率代表因焙烧导致的试样垂直尺寸变化程度,裂纹贡献率可以描述为累积裂纹的宽度与膨化长度的比值。可以看出,裂纹形成随着不可逆膨化程度的加剧呈现先增后减的规律,例如,当试样膨化率为 2% 时,裂纹贡献率约为 5%~6%;当试样膨化率增加至 9% 时,裂纹贡献率可达 10%~25%;更高膨化率情况下,裂纹贡献率则有所降低。

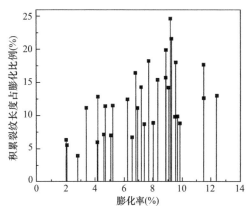

图 2.14 膨化率与裂纹之间的关系

焙烧过程膨化与裂纹形成的关系　　　表 2.12

序号	松木木质素含量(%)	胶原蛋白含量(%)	石油焦粉末含量(%)	热压压力(MPa)	热压温度(℃)	恒温时间(h)	生电极密度(g/cm³)	炭化电极密度(g/cm³)	膨化率(%)	裂纹贡献率(%)
S7	2	2	20	75	400	4	1.82	1.63	8.86	15.71
RS14	2	6	20	30	350	2	1.69	1.35	8.32	15.36
RS24	2	6	30	30	375	2	1.73	1.43	9.54	18.04
S2	2	10	20	30	400	1	1.85	1.68	4.70	11.37
Bu18	10	6	20	21	350	2	1.85	1.64	9.84	8.81
BU26	10	6	20	45	250	2	1.68	1.56	9.50	9.79
Bu27	10	6	20	45	300	2	1.74	1.47	12.37	12.96
Bu23	10	6	20	45	350	2	1.90	1.55	11.51	12.62
BU28	10	6	20	45	400	2	1.70	1.60	4.16	5.92
RS10	11	2	10	30	375	2	1.77	1.62	4.61	7.13
RS23	11	2	20	30	350	2	1.77	1.53	8.02	8.93
RS3	11	6	10	30	400	2	1.70	1.64	2.79	3.92
RS5	11	6	20	30	375	2	1.86	1.62	9.65	9.83
RS20	11	6	30	30	350	2	1.83	1.52	6.92	11.16
RS1	11	6	30	45	400	2	1.78	1.52	5.09	7.02
RS2	11	10	10	30	375	2	1.74	1.52	11.51	17.65
RS13	11	10	30	30	375	2	1.68	1.48	5.22	11.51
RS28	11	10	20	30	350	2	1.63	1.48	7.71	18.25
RS9	11	10	20	30	400	2	1.77	1.63	6.22	12.43
BU12	14	4	20	21	350	2	1.81	1.66	9.04	14.20
BU14	14	8	20	21	350	2	1.80	1.54	7.19	14.27
BU11	14	6	20	21	350	2	1.77	1.45	6.55	6.75
BU5	15	6	10	45	400	2	1.81	1.57	6.79	16.42
BU6	15	6	50	45	400	2	1.78	1.59	9.24	21.56
RS22	20	2	20	30	375	2	1.76	1.57	7.39	8.67
RS8	20	6	20	30	350	2	1.74	1.52	3.39	11.07
RS19	20	6	20	30	400	2	1.70	1.59	2.05	5.55
RS29	20	10	20	30	375	2	1.62	1.54	2.01	6.27
S15	24	2	80	75	100	4	1.45	1.10	9.18	24.63
S13	24	10	20	30	100	4	1.68	1.20	4.20	12.88
S16	24	10	80	75	400	4	1.36	1.28	8.89	19.88

为进一步了解焙烧过程中膨化行为的发生，基于响应面方法学，建立不同试验变量（即松木木质素含量、胶原蛋白含量、石油焦粉含量和热压温度）对膨化率影响的模拟回归模型，获得的二次多项回归方程如下：

$$Y_3 = 8.52 - 3.97A + 0.77B + 0.37C - 0.20D - 4.13AB + 0.12AC - 1.44AD - 2.20BC - 0.23BD - 0.055CD - 0.55A^2 + 0.81B^2 - 2.42C^2 - 1.55D^2$$

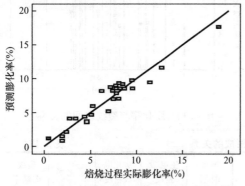

图 2.15 焙烧过程实际膨化率与模型预测值比较

焙烧过程实际膨化率与模型预测值如图 2.15 所示。可以看出，实际值基本呈线性分布，表明实际值和预测值之间高度吻合。对回归模型进行 ANOVA 方差分析，结果见表 2.13。模型 Fisher 检验值为 13.93，$P<0.0001$，表明模型置信水平为 95%，回归效果显著。失拟度（=0.0549）和复相关系数 $R^2 = 0.9227$ 表明试验数据中 92.27% 的响应值变化可以采用回归模型解释且可信度高。

Box-Behnken 试验设计方差分析（膨化率） 表 2.13

误差来源	平方和	自由度 df	均方	F 值	P 值	显著性
模型	355.31	14	25.38	11.94	<0.0001	显著
A	189.61	1	189.61	89.19	<0.0001	显著
B	7.1	1	7.1	3.34	0.089	不显著
C	1.65	1	1.65	0.78	0.3932	不显著
D	0.5	1	0.5	0.24	0.6338	不显著
AB	68.06	1	68.06	32.02	<0.0001	显著
AC	0.053	1	0.053	0.025	0.8769	不显著
AD	8.24	1	8.24	3.87	0.0691	不显著
BC	19.32	1	19.32	9.09	0.0093	显著
BD	0.2	1	0.2	0.095	0.7621	不显著
CD	0.012	1	0.012	0.005692	0.9409	不显著
A^2	1.96	1	1.96	0.92	0.3531	不显著
B^2	4.3	1	4.3	2.02	0.177	不显著
C^2	38.02	1	38.02	17.89	0.0008	显著
D^2	15.58	1	15.58	7.33	0.017	显著
残差	29.76	14	2.13			
失拟项	27.77	10	2.78	5.58	0.0561	不显著
纯误差	1.99	4	0.5			
总计	385.07	28				
标准差	1.46		R^2	0.9227		
平均值	6.99		校正 R^2	0.8454		
变异系数%	20.86		预测 R^2	0.5765		
PRESS 值	163.07		精准度	16.067		

基于回归模型方差分析，各试验变量对焙烧过程膨化率的等高线如图 2.16、图 2.17 和

图 2.18 所示。由图 2.16 可知，在恒定胶原蛋白含量条件下，松木木质素含量的增加有助于降低膨化率；相比之下，在松木木质素含量低于 11% 时，胶原蛋白含量的增加则易导致膨化行为愈发严重。由于松木木质素和胶原蛋白热解特性不同，其对膨化率的影响表现出明显的差异。与胶原蛋白相比，松木木质素富含多种化学键和官能团，其高温炭残率相对较高，热解过程形成的大孔或中孔结构有助于热解气态产物的释放和膨化行为的抑制。胶原蛋白的氨基酸单元中除 C、H、O 元素外，富含大量 N 元素，经热解作用后，大量氨气和其他含氮气体在相对较窄的温度区间（200~350℃）内集中释放，易导致膨化行为的发生和裂缝的形成。此外，有趣的是，当松木木质素含量超过 11% 时，随着胶原蛋白含量的增加，膨化率呈现下降趋势，这可能是因为松木木质素可以为胶原蛋白热解气体创造有效的"呼吸通道"。

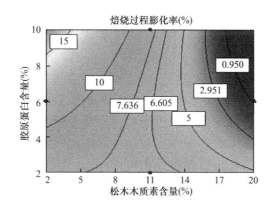

图 2.16 松木木质素和胶原蛋白含量
对膨化率影响的等高线图
（石油焦粉末含量 20%，热压温度 400℃）

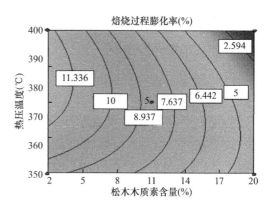

图 2.17 松木木质素含量和热压温度
对膨化率影响的等高线图
（胶原蛋白含量 6%，石油焦粉末含量 20%）

图 2.17 为松木木质素含量和热压温度对焙烧过程膨化率的影响，对应的等高线呈 U 形，即在恒定热压温度下，随着松木木质素含量的增加，膨化率呈线性减少趋势，而在恒定的松木木质素含量下，随着热压温度的升高，膨化率先增加后下降。较低热压温度下，膨化率相对较小，但此时生电极焙烧阶段势必伴随大量热解气态产物的释放和质量损失。较高的热压温度对应于热压过程中更多热解气体的提前释放，其在一定程度上可以减轻后续焙烧阶段气体释放压力。由于膨化行为主要发生在中等温度区间，因此，可以通过控制热压温度（例如 400℃ 或以上），为热解气体持续释放创造有效的"呼吸通道"，从而达到抑制膨化行为的目的。

松木木质素和石油焦粉末含量对膨化率影响的等高线如图 2.18 所示。可以看出，在松木木质素含量固定的情况下，随着石油焦粉末含量的增加，膨化率呈先增后减的变化趋势。根据紧密堆积理论，过少的石油焦粉末含量（<15%）无法实现石油焦颗粒间孔隙的完全填充，此时，黏结剂热解气态产物

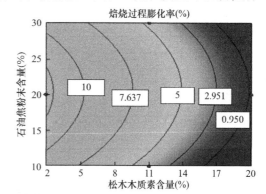

图 2.18 松木木质素和石油焦粉末含量
对膨化率影响的等高线图
（胶原蛋白含量 6%，热压温度 400℃）

可以通过残留孔隙逸出，其在减轻膨化程度的同时也降低了炭化电极机械强度。当石油焦粉末含量高于25%时，生电极弹性模量降低，抗热冲击性提高，在焙烧阶段有利于抵制高温产生的热应力，有利于降低膨化率发生和裂纹形成。

生电极焙烧过程中膨化行为的产生受多方因素影响，除了上述考察因素之外，基础原料选择、混捏及成型方式、模具方法、焙烧环境、加热速率、装炉方式等均有可能造成裂纹的产生。例如，如图2.4所示，低加热速率尤其是在主要热解区间内，可以减少共混生物质黏结剂的质量损失，保护碳体免受气体急剧释放引起的压力冲击，降低焙烧过程膨化程度。不同制备条件下膨化率与裂纹形成之间的关系仍需要进一步深入研究。

2.6 电极宏观性能与微观表征

2.6.1 石墨电极性能评价

选择部分样品进行石墨化处理，所得石墨电极的各项性能见表2.14，较优条件下石墨电极的密度可达 1.51~1.54g/cm^3，电阻率为 27.3~31.7μΩ·m。当松木木质素含量为 10%或11%，胶原蛋白含量为6%，石油焦粉末含量为10%或20%时，石墨电极电阻率值略低，介于 24.5~28.7μΩ·m 之间。当松木木质素含量为 12.7%，胶原蛋白含量为 3.94%，石油焦粉末含量为20.4%时，石墨电极电阻率值略高，介于 30.3~31.7μΩ·m 之间。与SGL Sigraform® HLM 商业石墨电极密度（1.72~1.75g/cm^3）和电阻值（7.2~10μΩ·m）相比，本研究中新型石墨电极性能仍需进一步改善，可以考虑通过煤沥青浸渍焙烧进行再处理。

不同制备条件下炭化电极和石墨电极性能比较　　　　表 2.14

原料组成			热压压力(MPa)	热压温度(℃)	恒温时间(h)	生电极密度(g/mL)	炭化电极密度(g/mL)	膨化率(%)	炭化电极电阻率(μΩ·m)	石墨电极密度(g/mL)	石墨电极电阻率(μΩ·m)
松木木质素含量(%)	胶原蛋白含量(%)	石油焦粉末含量(%)									
Sigraform® HLM 挤压型石墨			—	—	—	—	—	—	—	1.72~1.75	7.2~10
12.70%	3.94%	20.43%	30	400	2	1.87	1.60	8.50	222.91	1.49	31.71
12.70%	3.94%	20.43%	30	400	2	1.84	1.59	7.60	—	1.51	30.35
10%	6%	20%	45	400	2	1.70	1.60	4.16	346.53	1.52	—
10%	6%	20%	45	400	2	1.86	1.63	4.45	—	1.53	27.32
10%	6%	20%	45	350	4	1.81	1.62	3.13	851.90	1.52	—
11%	6%	10%	30	400	2	1.70	1.64	2.79	297.25	1.54	—
11%	6%	10%	30	400	2	1.85	1.58	7.14	—	1.5	24.57
11%	6%	10%	30	400	2	1.87	1.60	8.51	145.00	1.48	28.68
15%	6%	40%	30	400	2	1.79	1.61	9.30	357.53	1.48	
11%	2%	30%	30	375	2	1.74	1.63	7.11	483.48	1.48	
10%	6%	20%	21	350	2	1.85	1.64	9.84	540.76	1.456	

2.6.2 不同电极微观形貌及石墨化程度分析

基于SEM表征技术，观察不同生物质黏结剂组成条件下（表2.15）生电极内断面的微观结构形貌。通过热压技术制备的生电极，实质上是由生物质黏结焦和石油焦骨料组成的复合材料。可以假设，石油焦骨料颗粒沿压力轴方向近似平行排列，在水平截面方向呈各向异性，松木木质素、胶原蛋白共混黏结剂在石油焦颗粒表面和内部随机分布。由于热解过程中气态产物的逸出容易导致膨化行为的产生，因此膨化程度直接取决于气体释放压力，其与不同生物质黏结剂存在条件下气体"呼吸通道"的形成密切相关。

不同原料组成条件下电极密度及焙烧过程膨化率 表 2.15

松木木质素含量(%)	胶原蛋白含量(%)	石油焦粉末含量(%)	热压压力(MPa)	热压温度(℃)	恒温时间(h)	生电极密度(g/mL)	炭化电极密度(g/mL)	膨化率(%)
4	6	20	21	350	2	1.72	1.49	11.53
10	6	20	21	350	2	1.85	1.55	8.51
14	10	20	21	350	2	1.77	1.45	6.55

从图 2.19(a) 中可以看出，松木木质素/胶原蛋白共混生物质黏结剂经低温（350℃）热压处理后，部分在石油焦颗粒表面形成黏结薄膜层，部分渗透至颗粒与颗粒间以桥接作用黏结形成聚集体。当松木木质素含量为 4%，胶原蛋白含量为 6%，石油焦粉末含量为 20%时，过少的黏结剂难以在石油焦颗粒表面形成连续的黏结桥或填充至石油焦颗粒间空隙中，部分生物质黏结剂甚至以随机分布的形式存在。在这种情况下，热解气态产物缺少释放通道，容易造成炭化电极体积过度膨胀并形成裂纹。适当比例的生物质共混黏结剂和石油焦骨料有利于在材料表面及内部创造有效的贯穿性"呼吸通道"，减少膨化行为的发生，对生电极的密度、成品率和均质性具有积极作用。随着松木木质素含量由 4%增加至 10%，生电极内断面表面结构愈趋平滑，内部孔隙更加均匀密实，此时，石油焦颗粒界面黏结性增强，表现为黏结薄膜层的多层生长［图 2.19(b)］。过量共混生物质黏结剂条件下，黏结层厚度明显增加，颗粒结团、石油焦颗粒间孔隙增大等问题突出［图 2.19(c)］，是导致生电极焙烧处理后密度和机械强度严重衰减的主要原因，此时较低的膨化率主要归因于以牺牲炭化电极密度而获得的开放性气体"呼吸通道"的形成。

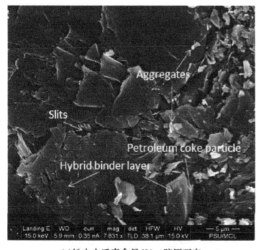
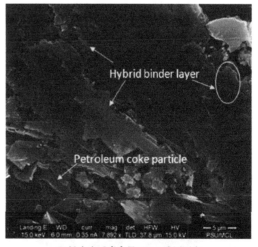

(a)松木木质素含量4%，胶原蛋白含量6%，石油焦粉末含量20%

(b)松木木质素含量10%，胶原蛋白含量6%，石油焦粉末含量20%

图 2.19 350℃下不同掺量黏结剂下生电极的表面形貌（一）

(c) 松木木质素含量14%，胶原蛋白
含量10%，石油焦粉末含量20%

图 2.19　350℃下不同掺量黏结剂下生电极的表面形貌（二）

不同类型电极在光学显微镜下的表面形貌如图 2.20 所示。经热压处理后［图 2.20(a)］，松木木质素（橙色区域）、胶原蛋白（蓝色区域）共混生物质粘合剂发生软化、熔化并融合，部分覆盖在石油焦（米色区域）表面形成黏结薄层，部分渗透至石油焦孔隙结构中。由于热解气态产物的释放，在部分区域内仍然清晰可见不同尺寸大小的孔洞结构。在焙烧阶段［图 2.20(b)］，生物质黏结剂热解行为加剧，轻质气态产物的释放造成结构孔隙率进一步增大；同时，生物质黏结作用从物理黏结为主转变为化学黏结为主，重质组分缩聚形成稠环芳烃黏结体系，以碳链桥形式粘附并填充至石油焦颗粒孔隙表面及其内部，形成包括高度有序"类石墨"和无定形碳在内的碳质乱层结构。在石墨化处理过程中［图 2.20(c)］，具有多层平行堆叠结构的石墨微晶持续形成并生长。受热应力作用影响，平行碳层发生弯曲和压缩变形（见白色椭圆区域）。

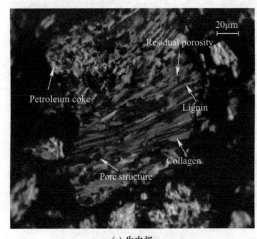

(a) 生电极

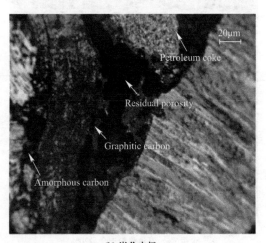

(b) 炭化电极

图 2.20　不同类型电极在光学显微镜下的表面形貌
（原料组成配比为：松木木质素含量20%，胶原蛋白含量4%，石油焦粉末含量40%）（一）

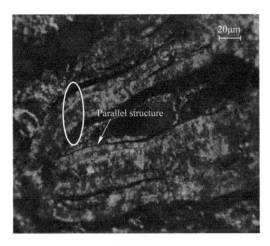

(c) 石墨电极

图 2.20　不同类型电极在光学显微镜下的表面形貌
（原料组成配比为：松木木质素含量 20%，胶原蛋白含量 4%，石油焦粉末含量 40%）（二）

对 500℃、800℃及石墨化处理后，生物质-石油焦复合材料的拉曼光谱进行对比（图 2.21）。可以看出，随着热处理温度的升高，D 峰（1300～1400cm^{-1}）强度明显减弱，峰面积比（I_D/I_G）逐渐减小，ν3D 峰（2700cm^{-1}）强度不断增强，即表明高温条件下复合材料石墨化程度的提高。

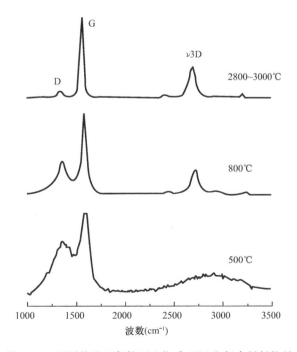

图 2.21　不同热处理条件下生物质-石油焦复合材料拉曼
光谱图（复合材料组成配比：松木木质素含量 20%，胶原
蛋白含量 4%，石油焦粉末 40%，石油焦颗粒 60%，500℃
和 800℃热处理时间：3h）

2.7 小结

(1) 与降温速率作用相反，焙烧阶段尤其是小于500℃温度范围内，较低的加热速率(0.04℃/min)有利于微孔结构的形成及热解产物的缓释，对促进碳质残留物的积累，改善碳质结构的密实度具有积极作用。

(2) 基于响应面方法学获得生电极最佳工艺制备条件为：松木木质素含量12.961%，胶原蛋白含量3.561%，石油焦粉末含量27.438%，热压温度400℃，热压压力30MPa，恒温时间为2h。所得炭化电极密度为1.667g/cm³，焙烧过程中热解气态产物的持续释放是造成膨化行为的主因，裂纹形成随着不可逆膨化程度的加剧呈现先增后减的规律。经石墨化处理后密度降至1.51~1.54g/cm³，电阻率达到27.3~31.7$\mu\Omega\cdot m$。

(3) 适当掺量的松木木质素/胶原蛋白黏结剂，可以增强石油焦颗粒界面黏结性，密实石墨电极内部孔隙，促进炭化电极密度、成品率和均质性的提高。经焙烧处理后，黏结剂在石油焦颗粒间形成碳链桥，形成具有一定强度的"类石墨结构"。石墨化处理后，石墨微晶呈现多层平行堆叠结构，在热应力作用下该结构发生弯曲和压缩变形，趋于致密化。

第 3 章　松木木质素与胶原蛋白共热解特性分析

　　松木木质素和胶原蛋白在高温热解过程中释放出大量气态产物，是导致炭化电极产生裂纹、物理机械性能降低的主要原因。研究松木木质素和胶原蛋白共热解特性不仅有助于全面描述热解反应历程及相关反应机制，而且对以其为黏结剂的新型石墨电极的结构和性能控制具有重要的理论指导意义。

　　针对单独木质素和胶原蛋白的热解，现有研究基于热失重（TGA）和热失重-质谱（TGA-MS）联用技术进行了大量研究。Fenner 和 Lephardt 指出木质素热解主要包括三个阶段：①120~300℃温度区间内苯基丙烷侧链单键的裂解；②300~480℃温度区间内苯基丙烷结构单元间主链的断裂及结构单元的裂解；③更高温度下，热解产物的二次裂解。在整个反应过程中，伴有甲酸、甲醛、水、二氧化碳、一氧化碳、甲醇、甲烷和一些酚类化合物等大量热解气态产物的释放。关于胶原蛋白的热解，多数研究集中在其基本组成单元氨基酸的热解特性分析方面。Sharma 等认为氨基酸主要热解温度在 300℃左右；在高温条件下，氨基酸经脱水、脱羧和脱氨反应后，生成低分子量杂环化合物和气态产物，随后在更高温度下进一步聚合形成含 5~7 环的杂环和 PAHs。Haidar 等提出氨基酸的种类对热解气态产物的转化具有决定性作用，氨基酸相对分子质量越小，附带官能团数量越少，越容易被转化为气态产物。与大分子氨基酸在 850℃温度下热解形成稳定的含氮芳环物质不同，小分子氨基酸在相同温度下则基本转化为二氧化碳、一氧化碳、氰化氢、氨气、甲烷、乙烯、乙烷等气态产物。

　　关于木质素在生物质原料或其他共混体系中的热解特性，多数研究假设其在热解过程中独立平行分解且无任何交互反应，热解过程遵循一级反应动力学方程。然而，事实上，木质素与其他共混物质在热解动力学参数、挥发物产量、生物炭残留率、热失重行为、脱挥速率等方面存在显著差异，其共热解过程中普遍存在多相化学反应，异质材料的存在可能导致界面反应的改变或催化效应的发生。例如，Jakab 等认为 NaCl 和 $ZnCl_2$ 等无机物质对磨木木质素的热解产物分布具有不同程度的影响，NaCl 可以促进脱水、脱甲基以及自由基聚合的发生，提高热解残炭率；而 $ZnCl_2$ 则有助于增强离子化分解路径，在较低温度下生成水和甲醛。Worasuwannarak 等发现在共热解过程中，木质素可以与纤维素发生交联反应生成水和酯基团，从而导致焦油产率减少、焦炭产率增加。截至目前，涉及木质素和胶原蛋白共热解的研究相对较少。宾州州立大学—Furness Newburge 合作团队采用木质素、胶原蛋白、金属硅粉末等原料制备无烟煤燃料块以代替传统冲天炉用铸造焦炭，首次发现高温热解过程中，木质素、胶原蛋白及无烟煤颗粒间存在协同作用，其有助于增强无烟煤燃料块无侧限抗压强度，但两者之间的相互作用关系尚不明晰。

　　基于此，本章以松木木质素、胶原蛋白及其共混物为研究对象，通过热失重试验研究其热解特性，对比分析不同质量配比条件下试样焦炭产量、质量损失率、热解动力学参数的变化规律，探究在共热解过程中松木木质素和胶原蛋白之间的协同作用关系。同时，应用热失重-质谱联用技术对热解气态产物进行检测和分析,以期在更深层次上揭示共混生物质热解反应机理。

3.1 材料与方法

3.1.1 原料

松木木质素通过Lignoboost™高效萃取分离工艺酸析制浆黑液所得。风干后的松木木质素经破碎、低温（40～50℃）烘干72h后，研磨过100目筛。胶原蛋白为淡黄色颗粒物，提取自动物组织器官，主要由甘氨酸（NH_2CH_2COOH，34%）、脯氨酸（$C_5H_9NO_2$，12%）、羟脯氨酸（$C_5H_9NO_3$，10%）、丙氨酸（CH_3CHNH_2COOH，10%）、谷氨酸（$COOHCH_2CH_2CHNH_2COOH$，7%）等氨基酸构成。称取少量胶原蛋白于20mL水中，在60～70℃下加热溶解成胶原蛋白水溶液，加入不同质量松木木质素搅拌均匀后低温（60℃）烘干，研磨过100目筛。根据松木木质素与胶原蛋白质量比例（如9∶1、7∶1、5∶1）命名不同生物质共混物，即L9-C1、L7-C1、L5-C1。

3.1.2 热解试验

动态热解试验借助热重分析仪（TA Instrument TGA 2050）完成。采用粉状试样进行试验，以减少热解过程中传热传质的影响。在程控温度条件下，以高纯氮气（99.99%）为载气（气体流量为100mL/min），采用不同加热速率（10℃/min、30℃/min、60℃/min、100℃/min），在100～800℃温度范围内对试样进行热解。为避免因试样中水分造成的温控延时现象，预先升温至100℃进行干燥处理。控制试样质量在20mg左右，重复试验多次以确保数据重现性并取平均值。采用最小显著性差异法（LSD）评估不同生物质共混物及加热速率之间的统计显著性，结果表明，375℃和800℃热解温度下，不同试样质量损失值差异的置信区间为95%，而在加热速率为10℃/min、800℃热解条件下，木质素与L9-C1质量损失值差异的置信区间为90%。

3.1.3 热失重-质谱联用分析

在100～800℃温度范围内，通过热失重（TA Instruments TA Q50）—Pfeiffer真空质谱仪联用检测试样的热解气态产物。测试前，预先以氩气作为载气（气体流量为100mL/min），在10℃/min加热速率下记录主要热解产物的质谱。基于美国NIST（National Institute of Standards and Technology）质谱数据库及相关文献，依据质谱仪检测到的析出物质质荷比以及特征峰分布推测热解气体组分。真空质谱仪具体参数设置为：气体传输线路及气室温度为210℃，检测气体质核比范围为10～200amu，扫描速率为0.2～60s/amu。

3.2 热解动力学基础理论

固态物质的非等温热解动力学一般可以通过Coats-Redfern方程进行描述：

$$\frac{d\alpha}{dt} = \beta\left(\frac{d\alpha}{dT}\right) = kf(\alpha) \tag{3.1}$$

式中：α——热解过程固体试样的相对失重或转化率，$\alpha=(m_0-m)/(m_0-m_\infty)$；

m——试样在反应时间 t 时的质量，下标 0 和 ∞ 分别代表反应初始与终止状态；

$\dfrac{d\alpha}{dt}$——热解过程反应速率；

β——线性加热速率，$\beta=\dfrac{dT}{dt}$，T 为热解温度；

k——反应速率常数，由 Arrhenius 方程 $k=A\exp\left(-\dfrac{E_a}{RT}\right)$ 表示，其中，A 是频率因子，E_a 是表观活化能；R 是理想气体常数。

对于固体分解反应来说，函数 $f(\alpha)$ 的形式主要取决于反应模型及控制机理。

基于上述方程，分别采用 Kissinger 微分法和 FWO 积分法进行热解动力学分析。Kissinger 微分法根据不同加热速率下微商型热分析曲线（DTG）的峰值温度 T_m 计算表观活化能。令 $f(\alpha)=(1-\alpha)^n$，则：

$$\frac{d\alpha}{dt}=A\exp\left(-\frac{E_a}{RT}\right)(1-\alpha)^n \tag{3.2}$$

对式（3.2）微分整理得：

$$\frac{d}{dt}\left[\frac{d\alpha}{dt}\right]=\frac{d\alpha}{dt}\left[\frac{E\dfrac{dT}{dt}}{RT^2}\right]-An(1-\alpha)^{n-1}\exp\left(-\frac{E_a}{RT}\right) \tag{3.3}$$

假定微商型热分析曲线峰值温度 T_m 处反应速率最大，即 $\dfrac{d}{dt}\left(\dfrac{d\alpha}{dt}\right)=0$，则：

$$\frac{E_a}{RT_{\max}^2}=n(1-\alpha_m)^{n-1}\frac{A}{\beta}\exp\left(-\frac{E_a}{RT_{\max}}\right) \tag{3.4}$$

其中，α_m 是峰值温度 T_m 对应的转化率。对式（3.4）进一步推导整理取对数得：

$$\ln\left(\frac{\beta}{T_m^2}\right)=\ln\left(\frac{AR}{E_a}\right)-\frac{E_a}{RT_m} \tag{3.5}$$

在不同加热速率下以 $\ln\beta/T_m^2\sim 1/T_m$ 作图，通过其斜率求取表观活化能。反应级数 n 及频率因子 A 分别按式（3.6）、式（3.7）计算。

$$n=0.1368\exp[5.3635(1-\alpha_m)],(n\neq 1) \tag{3.6}$$

$$A=\frac{\beta E_a}{RT_m^2 n(1-\alpha_m)^{n-1}}e^{E_a/RT_m} \tag{3.7}$$

FWO 积分法无须确定具体的反应机理函数而直接计算表观活化能，其假设热解过程中表观活化能保持恒定不变，因此避免了因反应机理函数不同导致的计算误差。

对式（3.1）两边取对数得：

$$\ln\left(\frac{d\alpha}{dt}\right)=\ln\left[\beta\left(\frac{d\alpha}{dT}\right)\right]=\ln[Af(\alpha)]-\frac{E_a}{RT} \tag{3.8}$$

对式（3.8）分离变量积分整理得：

$$g(\alpha)=\int_0^\alpha\frac{d\alpha}{f(\alpha)}=\frac{A}{\beta}\int_0^{T_\alpha}\exp\left(-\frac{E_a}{RT}\right)dT \tag{3.9}$$

其中，T_α 对应转化率 α 时的温度，令 $x\equiv E_a/RT$，则：

$$g(\alpha)=\frac{AE_a}{\beta R}\int_0^\infty\frac{\exp^{-x}}{x^2}=\frac{AE_a}{\beta R}p(x) \tag{3.10}$$

$p(x)$ 表示温度积分，即式（3.9）右侧积分式，其值可用 Doyle 经验插值公式替代：

$$\log p(x) \cong -2.315 - 0.4567x, (20 \leqslant x \leqslant 60) \tag{3.11}$$

将式（3.11）代入式（3.9），两边取对数得：

$$\log\beta = \log\left(\frac{AE_a}{Rg(\alpha)}\right) - 2.315 - 0.4567\frac{E_a}{RT} \tag{3.12}$$

当 α 是常数时，$\log\beta$ 与 $1/T$ 呈线性关系，其斜率为 $-0.4567E_a/R$，通过斜率即可求得表观活化能。

研究表明，Acetocell 木质素和 Lignoboost® 木质素非等温热解动力学也可以通过 Weibull 分布模型 n（$n>1$）级动力学进行描述。采用最小二乘法对 Weibull 分布参数进行估算，具体数学关系如下：

$$\ln[-\ln(1-\alpha)] = \theta\ln\left(\frac{1}{\eta}\right) + \theta\ln\left(\frac{T-T_0}{\beta}\right) \tag{3.13}$$

式中：θ——形状参数，$\theta>0$；

η——尺寸参数，$\eta>0$；

T_0——初始温度，代表位置参数；

$1/\eta$——相应的速率常数。

在不同加热速率下，以 $\ln[-\ln(1-\alpha)] \sim \ln\dfrac{T-T_0}{\beta}$ 作线性回归，通过斜率和截距计算 θ、η 的估计值。根据式（3.14）中 T_p 与 T_0 的关系，以 $\ln(1/\eta) \sim 1/T_p$ 作图，进而求得表观活化能。

$$T_p = T_0 + \beta \cdot \eta[(\theta-1)/\theta]^{1/\theta}, \ln\left(\frac{1}{\eta}\right) = \text{const.} - \frac{E_a}{RT_p} \tag{3.14}$$

3.3 热失重过程分析

3.3.1 非等温热解过程

以 10℃/min 加热速率为例，100～800℃ 温度范围内松木木质素、胶原蛋白及其共混物的 TGA 和 DTG 曲线分别如图 3.1 和图 3.2 所示，表 3.1 同时列出了不同试样的起始失重温度、最大失重温度、终止失重温度及 800℃ 残炭率。可以看出，松木木质素的热解温度区间相对较宽，这主要是因为松木木质素分子结构中含有多类有机官能团，其键能差异导致了不同热解温度下裂解反应的发生。总体来看，松木木质素热解过程可划分为三个阶段：100～125℃ 温度范围是脱水阶段，质量损失相对较低。125～500℃ 是热解阶段，涉及松木木质素玻璃化转变、苯基丙烷结构单元侧链尤其是末端官能团及结

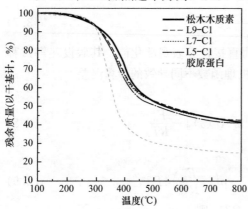

图 3.1　10℃/min 加热速率下松木木质素、胶原蛋白及其共混物 TGA 曲线

构单元间主要醚键等解聚,伴随着大量碳氢化合物和芳香族化合物的生成。该阶段质量损失严重,最大失重温度在404℃左右。500~800℃温度范围是炭化阶段,苯环开环反应、重排反应、交联或缩聚反应不断深化,稠环芳烃物质最终结焦形成无定形焦炭,800℃下松木木质素的残炭率为41.52%。

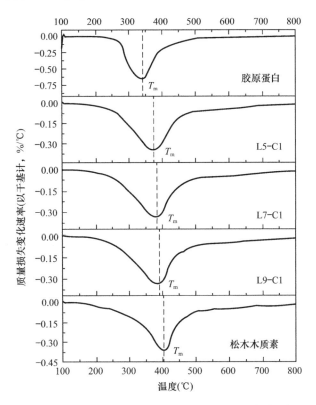

图 3.2　10℃/min 加热速率下松木木质素、胶原蛋白及其共混物 DTG 曲线

10℃/min 加热速率下松木木质素、胶原蛋白及其共混物失重温度分布及 800℃残炭率　表 3.1

试样	起始温度(℃)	最大失重温度(℃)	终止温度(℃)	800℃残炭率(%)
松木木质素	124.98	403.61	799.30	41.52
L9-C1	128.67	385.41	799.04	42.56
L7-C1	134.28	382.01	798.63	41.72
L5-C1	142.63	378.14	798.07	40.82
胶原蛋白	192.78	341.022	794.89	24.89

胶原蛋白 TGA 和 DTG 曲线具有与松木木质素类似的变化趋势,但其热解温度范围(193~795℃)相对较窄,最大失重温度在341℃左右,800℃残炭率仅为24.89%。从图3.1和图3.2中可以看出,胶原蛋白热解过程同样经历三个阶段:第一阶段(<193℃)伴随轻微失重,表现为自由水分的脱除。第二阶段(193~500℃),TGA 和 DTG 曲线急剧下降,失重速率达到最大值,对应于胶原蛋白主要热解阶段。Sharma 等对谷氨酰胺、谷氨酸和天冬氨酸的热解过程进行研究,结果表明,低温条件下(300℃),大部分氨基酸发生脱水、脱羧、脱氨等反应,生成少量含氮杂环化合物及大量气态产物(如 H_2O、CO、

CO_2、HCN、HNCO、乙烷、乙烯和乙基氰等），其中脱水是主要的热解反应途径。第三阶段（500~800℃），TGA和DTG曲线逐渐趋于平缓，对应于残留固态产物的缓慢分解。中间产物在该反应阶段发生二次裂解，生成含氮杂环化合物及多环（1~4）芳香族化合物，其通过与不饱和烃类（如乙烯、乙炔、1，3-丁二烯等）高温作用后，进一步形成大分子PAHs及含氮PAHs化合物。

将松木木质素与胶原蛋白以不同质量比例均质混合后进行共热解试验。结果表明，其热解最大失重温度（378~385℃）介于松木木质素（404℃）和胶原蛋白（341℃）之间，并且随着胶原蛋白掺量的增加，热解范围逐渐变窄，最大失重温度向低温侧缓慢偏移，800℃残炭率也不断降低。值得注意的是，当热解温度低于143℃时，单独松木木质素和共混物的TGA曲线基本相同，表明在该温度范围内，松木木质素和胶原蛋白并未发生明显的相互作用。随着热解温度的升高，松木木质素和胶原蛋白热解反应愈发剧烈，在特定质量配比范围内，共混物的残炭率较单独松木木质素高，这表明胶原蛋白与松木木质素存在协同作用关系，其在一定程度上促进了800℃残炭率的增加。

3.3.2 加热速率对热解过程的影响

不同加热速率下，松木木质素、胶原蛋白及其共混物的DTG曲线均表现为相同的变化特征（图3.3），即随着加热速率的增加，传热滞后效应愈趋明显，起始失重温度、最大失重温度、终止失重温度不断向高温侧偏移。同时，受传热滞后效应的影响，较高的加热速率对生物质固体残炭量的积累具有负面作用（表3.2）。一般认为，低温条件下竞争反应可以改变烷基侧链的性质，有利于阻止单体前驱体的前期裂解，抑制高温区间脱挥过程。因此，加热速率越低，试样在低温区间的停留时间越长，后期缩合反应越充分，残炭率也越高。

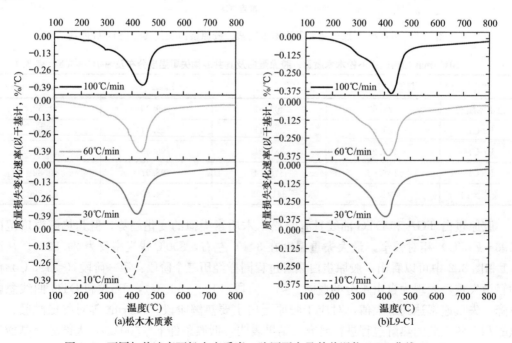

图3.3 不同加热速率下松木木质素、胶原蛋白及其共混物DTG曲线（一）

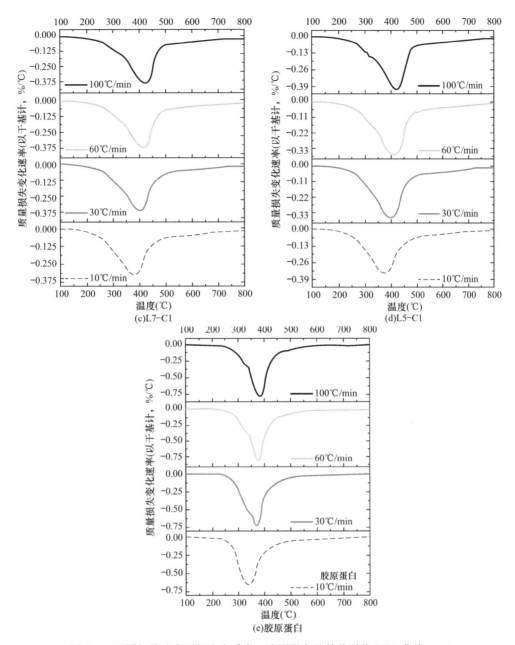

图 3.3 不同加热速率下松木木质素、胶原蛋白及其共混物 DTG 曲线（二）

不同加热速率下松木木质素、胶原蛋白及其共混物 800℃残炭率（%） 表 3.2

加热速率（℃/min）	松木木质素	L9 C1	L7-C1	L5-C1	胶原蛋白
10	41.52	42.56	41.72	40.82	24.89
30	41.44	41.53	40.89	38.86	20.90
60	40.29	39.63	39.14	37.95	19.92
100	40.14	39.44	38.68	36.49	17.74

图 3.4 为不同加热速率下松木木质素、胶原蛋白及其共混物热解转化率随温度变化曲线。由图可知，在最大失重温度范围（即 $0.45 < \alpha < 0.58$）内，随着加热速率的增加，热

量由表及里的传递时间逐渐递减,达到相同热解程度所需的温度不断升高。此外,相同转化率条件下,随着共混体系中胶原蛋白掺量的增加,生物质所需的热解温度越低,因此可以推断,胶原蛋白对松木木质素的热解具有促进作用。

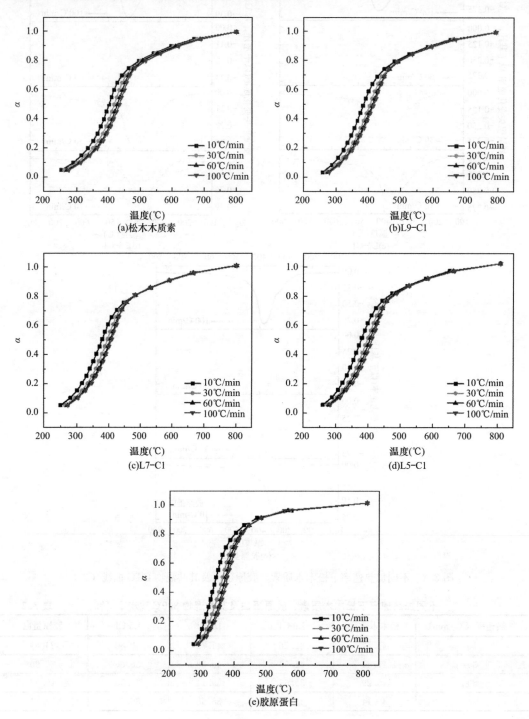

图 3.4　不同加热速率下松木木质素、胶原蛋白及其共混物热解转化率 α 随温度变化曲线

3.4 共热解过程协同作用

为进一步考察共热解过程中松木木质素与胶原蛋白之间的协同作用关系，引入失重率差值（ΔM,%）作为量化判据，具体表达式如下：

$$\Delta M = M_{exp} - M_{cal} \tag{3.15}$$
$$M_{cal} = (x_1 M_1 + x_2 M_2) \tag{3.16}$$

式中：M_{exp}——失重率试验值；

M_{cal}——失重率理论值；

x_i——共混体系中各组分的质量分数，$i=1,2$；

M_i——相同试验条件下各组分单独热解时对应的失重率。

图 3.5 为 10℃/min 和 60℃/min 加热速率下松木木质素/胶原蛋白共混物质量损失率随温度变化曲线。以加热速率 10℃/min 为例，200℃之前 ΔM 几乎为零；在 283～435℃温度区间，松木木质素和胶原蛋白分子结构中部分官能团发生裂解，并释放 NH_3、$OH·$ 和甲醛等热解气体（详见 3.6 节），这一阶段 ΔM 急剧增加至最大值后陡然减小，同时，随着胶原蛋白掺量的增加，共混物热解气态产物实际释放量逐渐增多，相比理论释放量，其增幅介于 0～2.9% 之间；当温度高于 500℃时，ΔM 呈轻微波状变化，此时松木木质素和胶原蛋白深度融合生成 5～7 环 PAHs，共混物热解气态产物实际释放量低于理论释放量 0～2.7%。由此可见，松木木质素和胶原蛋白之间的协同作用主要发生在中高温区间，且与 60℃/min 加热速率相比，低加热速率条件下该协同作用更加显著。因

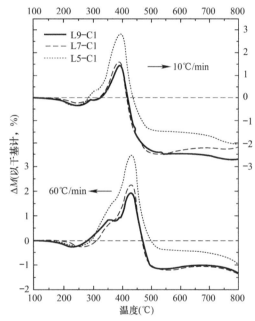

图 3.5 10℃/min 和 60℃/min 加热速率下松木木质素/胶原蛋白共混物质量损失率随温度变化曲线

此，在以松木木质素、胶原蛋白为黏结剂制备高密度石墨电极时，宜通过控制热压压力以合理释放热解气态产物，进而在低中温条件下形成密实多孔结构，为高温热解产物的逸出创造良好的呼吸环境。同时，在炭化阶段尤其是 283～435℃温度区间，宜采用较低的加热速率进行焙烧，以进一步防止膨化行为和裂纹的产生。

3.5 热解动力学参数计算与分析

3.5.1 Kissinger 微分法

基于 Kissinger 方程，不同加热速率条件下 $\ln\beta/T_m^2$ 对 $1/T_m$ 的线性拟合曲线如图 3.6 所示，相关热解动力学参数、DTG 曲线峰值温度及其对应的转化率列于表 3.3。由表 3.3 可知，在热解温度 341～446℃范围内（即 $0.45<\alpha<0.58$），松木木质素和胶原蛋白的热解表

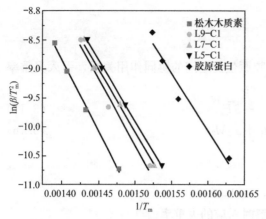

图 3.6 基于 Kissinger 方法的松木木质素、胶原蛋白及其共混物热解动力学拟合曲线

观活化能分别为 208kJ/mol 和 164kJ/mol；随着共混体系中松木木质素质量比例的提高，其表观活化能逐渐增加，介于 175~191kJ/mol 之间。

松木木质素和胶原蛋白热解反应级数 n 值分别在 1.3~1.9 和 1.8~2.6 之间，平均反应级数可近似视为 2，表明该类生物质热解过程中存在双分子自由基链式反应，因此，松木木质素和胶原蛋白热解过程宜采用 n 级反应动力学模型来描述，而不是简单的一阶动力学方程。一般而言，反应级数与热解原料类型、相对分子质量和初始浓度等因素相关。对于木质素，Petrocelli 和 Klein 认为尽管热解过程中大量初级产物和次级产物，如甲苯、苯、芴、菲等生成过程具有不同的反应级数，但木质素热解平均反应级数（$n=2$）主要归因于含氧单元，如二苯基乙烷、芴、二苯基甲烷、二苯基乙炔等链接键的裂解及降解。对于胶原蛋白，其热解反应级数主要取决于氨基酸分子结构，其分子侧链疏水性越强，热解动力学参数（即表观活化能，指前因子和反应级数）越低。对于松木木质素/胶原蛋白共混物，不同加热速率下其热解反应级数介于松木木质素和胶原蛋白之间，且随着加热速率和转化率的增加，反应级数呈现减小趋势，而随着胶原蛋白质量比例的增加，反应级数 n 值有所增大。可以推断，胶原蛋白热解产生的反应性自由基在 341~446℃ 范围内可能参与松木木质素的分解反应，进而生成不同的含氧中间体，改变主要热解气态产物分布和反应级数。另外，随着胶原蛋白掺量的增加，频率因子逐渐降低，这表明胶原蛋白的存在有助于抑制高温区间松木木质素的热反应活性，进而提高 800℃ 残炭率。

不同加热速率下松木木质素、胶原蛋白及其共混物热解峰值温度、转化率及 Kissinger 动力学参数　　　表 3.3

试样	β (℃/min)	#Reps	m_R (%)	α_m	T_m (℃)	n	A (1/min)	E_a (kJ/mol)	T_m 对应的 ΔM(%)	435~800℃ 温度区间 ΔM(%)
松木木质素	10	2	41.52	0.51	403.6	1.88	6.27×10^{15}	208	—	—
	30	3	41.44	0.54	425.1	1.62	5.64×10^{15}		—	—
	60	2	40.29	0.56	437.3	1.48	5.90×10^{15}		—	—
	100	2	40.14	0.58	445.7	1.34	6.38×10^{15}		—	—
L9-C1	10	3	42.56	0.49	385.4	2.12	1.90×10^{15}	191	1.4	−2.7
	30	2	41.53	0.52	410.7	1.76	1.41×10^{15}		—	—
	60	2	39.63	0.53	419.8	1.75	1.74×10^{15}		1.8	−1.4
	100	2	39.44	0.56	428.7	1.46	1.84×10^{15}		—	—
L7-C1	10	2	41.72	0.48	382.0	2.25	6.20×10^{14}	179	1.5	−2.5
	30	2	40.89	0.50	403.1	1.98	5.92×10^{14}		—	—
	60	2	39.14	0.55	420.3	1.50	4.88×10^{14}		2.1	−1.4
	100	3	38.68	0.57	426.4	1.39	6.00×10^{14}		—	—

续表

试样	β (℃/min)	#Reps	m_R (%)	α_m	T_m (℃)	n	A (1/min)	E_a (kJ/mol)	T_m 对应的 ΔM(%)	435~800℃ 温度区间 ΔM(%)
L5-C1	10	3	40.82	0.49	378.1	2.15	5.06×10^{13}	175	2.6	-2.1
	30	2	38.86	0.51	399.8	1.95	5.04×10^{13}		—	—
	60	2	37.95	0.55	414.9	1.54	4.83×10^{13}		3.0	-1.0
	100	2	36.49	0.58	424.5	1.32	5.16×10^{13}		—	—
胶原蛋白	10	3	24.89	0.45	341.0	2.62	4.34×10^{13}	164	—	—
	30	4	20.90	0.51	368.4	1.87	3.02×10^{13}		—	—
	60	4	19.92	0.52	377.6	1.84	3.81×10^{13}		—	—
	100	5	17.74	0.52	383.2	1.79	4.82×10^{13}		—	—

注：#Reps 为重复试验次数；m_R 为800℃残炭率。

3.5.2 Weibull 分布模型

不同加热速率下，松木木质素、胶原蛋白及其共混物的 $\ln[-\ln(1-\alpha)]$ 对 $\ln[(T-T_0)/\beta]$ 线性拟合曲线如图 3.7 所示，对应的 Weibull 分布参数及表观活化能计算结果列于表 3.4 中。需要指出的是，Weibull 分布模型中线性拟合段对应于热解主反应区，该模型仅用于求取表观活化能，与 FWO 积分法和 Kissinger 微分法并用以综合评估热解过程中松木木质素与胶原蛋白之间的相关作用关系。由表 3.4 可知，不同条件下 $\ln[-\ln(1-\alpha)]$ 对 $\ln[(T-T_0)/\beta]$ 线性相关系数显著（$r^2>0.98$），表明松木木质素、胶原蛋白及其共混物非等温热解过程符合 Weibull 分布模型。

在 Weibull 分布模型中，单独松木木质素和胶原蛋白的热解表观活化能分别为 247kJ/mol 和 194kJ/mol，共混物的热解表观活化能介于 233~244kJ/mol 之间，且随松木木质素含量的增加呈增大趋势。相比 Kissinger 方程，Weibull 分布模型计算结果相对偏大，可能是因为 Weibull 分布模型中转化率 α 范围更宽（0.01~0.7）。此外，随着加热速率和速率常数的增加，尺寸参数 η 不断减小，形状参数 θ 则在 3~7 范围内浮动。形状参数 θ 主要决定 Weibull 分布曲线形状，当形状参数 θ 取不同值时，Weibull 分布模型可以等效或接近于其他一些常用的分布函数，如 $0<\theta\leq1$ 时为指数分布；$\theta=2$ 时为瑞利分布；$1<\theta<3.6$ 时，近似于对数正态分布；$3<\theta<4$ 近似于正态分布；$\theta=5$ 时近似于尖端正态分布。

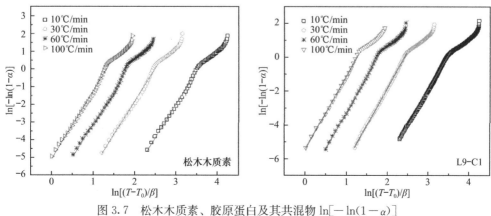

图 3.7 松木木质素、胶原蛋白及其共混物 $\ln[-\ln(1-\alpha)]$ 对 $\ln[(T-T_0)/\beta]$ 在热解主反应区线性拟合曲线（一）

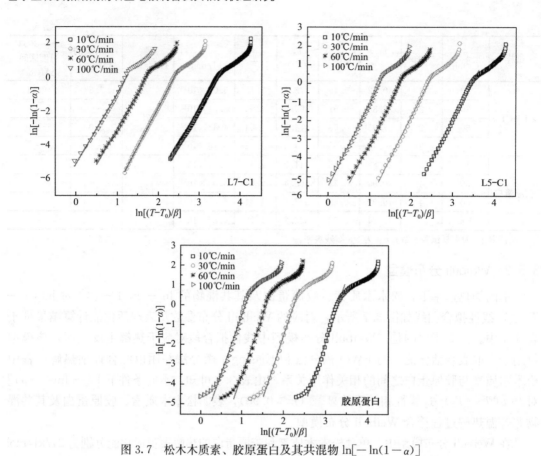

图 3.7 松木木质素、胶原蛋白及其共混物 $\ln[-\ln(1-\alpha)]$
对 $\ln[(T-T_0)/\beta]$ 在热解主反应区线性拟合曲线（二）

不同加热速率下松木木质素、胶原蛋白及其共混物主热解区间 Weibull 分布模型参数　表 3.4

试样	β（℃/min）	θ	η	$1/\eta$(1/min)	r^2	E_a(kJ/mol)
松木木质素	10	3.746	34.004	0.029	0.994	247
	30	3.712	12.025	0.083	0.993	
	60	3.720	6.229	0.161	0.992	
	100	3.780	3.777	0.265	0.993	
L9-C1	10	4.249	31.714	0.032	0.998	244
	30	4.364	11.213	0.089	0.999	
	60	4.324	5.781	0.173	0.999	
	100	4.139	3.555	0.281	0.992	
L7-C1	10	4.210	31.702	0.032	0.997	243
	30	4.238	11.233	0.089	0.994	
	60	4.211	5.799	0.172	0.994	
	100	4.155	3.545	0.282	0.992	
L5-C1	10	4.456	30.835	0.032	0.998	233
	30	4.460	10.997	0.091	0.996	
	60	4.365	5.672	0.176	0.995	
	100	4.442	3.461	0.289	0.995	

续表

试样	β (℃/min)	θ	η	$1/\eta$(1/min)	r^2	E_a(kJ/mol)
胶原蛋白	10	7.162	26.201	0.038	0.993	194
	30	6.743	9.438	0.106	0.996	
	60	6.458	4.923	0.203	0.993	
	100	6.104	3.036	0.329	0.989	

3.5.3 FWO 积分法

基于 FWO 方法，不同转化率条件下 $\log\beta$ 对 $1/T$ 线性拟合曲线如图 3.8 所示。由于转化率 $\alpha>0.75$ 时，表观活化能计算结果偏大或为负数，且线性相关相对较差，因此选择转

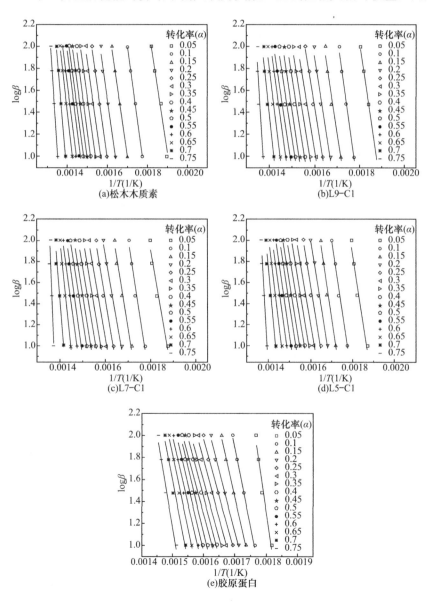

图 3.8 基于 FWO 积分法 $\log\beta$ 对 $1/T$ 线性拟合曲线

化率区间 $0.05<\alpha<0.75$ 作为研究对象。表3.5中还列出了特定转化率范围内不同试样的表观活化能平均值，例如，在 $0.45<\alpha<0.55$ 范围内，松木木质素、胶原蛋白及其共混物表观活化能平均值分别为259kJ/mol、210kJ/mol 和 249～268kJ/mol。对比不同热解动力学分析方法，不同试样表观活化能具有相同的变化趋势，即松木木质素>L9-C1>L7-C1>L5-C1>胶原蛋白；Weibull 分布模型与 FWO 积分法（$0.2<\alpha<0.45$）计算结果基本一致，相对标准偏差较小（<3.950），而 Kissinger 微分法计算结果明显偏低，这可能是因为：① Kissinger 微分法在计算推导过程中预先假定热解机理，仅通过 DTG 曲线峰值点粗略估算表观活化能以反映整个热解过程；②低加热速率下，测试仪器信噪比导致热失重数据处理产生误差，影响热解动力学参数计算的准确性。

不同热解动力学模型表观活化能计算结果对比　　表3.5

试样	Kissinger E_a (kJ/mol) ($0.45<\alpha<0.58$)	Weibull E_a (kJ/mol) ($0.01<\alpha<0.7$)	FWO E_a (kJ/mol) ($0.2<\alpha<0.45$)	FWO E_a (kJ/mol) ($0.45<\alpha<0.55$)
松木木质素	208	247	245	259
L9-C1	191	244	242	251
L7-C1	179	243	240	268
L5-C1	175	233	225	249
胶原蛋白	164	194	194	210

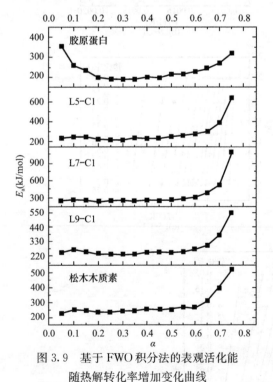

图3.9　基于FWO积分法的表观活化能随热解转化率增加变化曲线

松木木质素、胶原蛋白及其共混物热解表观活化能与转化率之间的关系如图3.9所示。可以看出，在热解过程中 E_a 经历初始阶段短暂的增长或衰减后逐渐趋于平稳；当 $\alpha>0.45$ 时，E_a 陡然升高，这表明热解过程涉及多种反应类型，如平行、重叠、连续、竞争反应等。因此，需对其进行分段讨论。

具体而言，对于松木木质素及其共混物，当 $\alpha\leqslant0.2$（约 322℃）时，表观活化能遵循相似的变化趋势，介于 220～266kJ/mol 之间，其主要对应于 H_2O、CO_2、CO、甲醛、甲醇、CH_4、NH_3 等部分轻质热解气态产物的释放（详见3.6节）。由此可见，胶原蛋白的掺入并未完全影响松木木质素的热解反应，但却使得热解途径及热解产物更趋多元化。根据 Parthasarathi 等对木质素分子结构中主要链接键离解能的计算结果可知，α 或 β 烷基芳基醚键断裂所需能量约为 202.1～302.5kJ/mol。因此，可以推测苯基丙烷单元间醚键的断裂及其侧链的裂解是自由基形成的主要来源。需要指出的是，该阶段胶原蛋白的热解表观活化能并未经历任何形式的能量积累过程，可能是由温度积分近似值的引入或试验数据测量误差所致。

当 $0.2 \leqslant \alpha \leqslant 0.45$ 时（对应于 322～427℃ 温度区间），热解导致的质量损失达到峰值，表观活化能基本保持恒定，所以可近似将这一区间认定为热解主反应区。不同试样按表观活化能高低依次排序为：松木木质素（245kJ/mol）＞L9-C1（242kJ/mol）＞L7-C1（240kJ/mol）＞L5-C1（225kJ/mol）＞胶原蛋白（194kJ/mol）。对于松木木质素而言，该阶段的表观活化能主要对应于芳环脱甲氧基化反应，同时伴有甲醇、甲烷及其自由基碎片等物质的生成（详见第 3.6 节），其值与文献报道结果（$E_a=251.2$kJ/mol）相吻合。类似地，Shen 等对制浆工艺木质素热降解进行研究，结果表明，愈创木酚型化合物是合成酚类、苯酚类、儿茶酚类衍生物的重要前驱体，其结构中甲氧基官能团可以通过自由基耦合反应裂解生成多种小分子自由基（如 $O:$、$H\cdot$、$CH_2:$、$CH_3\cdot$ 和 $CH:$）和挥发性物质（如 CO、CO_2 和 CH_4）。在此转化率范围内，与近似恒定表观活化能相关的自由基链式反应主要发生在特定位点上，以形成自由基中间产物、氧桥键以及挥发性物质。对于胶原蛋白而言，其分子结构中胺基团可以通过热解释放 NH_3 及其自由基碎片，随着胶原蛋白掺量的增加，表观活化能呈递减趋势，质量损失也愈趋严重，这表明胶原蛋白有助于促进链接键断裂，加速脱挥反应的发生。

当 $\alpha>0.45$ 时，松木木质素和胶原蛋白自由基竞争和并发反应逐渐成为热解过程限制步骤。当 $\alpha>0.6$ 时（对应于热解温度＞452℃），表观活化能随转化率增加几乎呈线性关系增长。Avni 和 Coughlin 认为这种线性增长关系主要与芳香缩合度的变化有关。必须指出的是，木质素 β-O-4 链接类型中 C—C 键、OCH_3—Ph 键和 HO—Ph 键离解能分别为 301.4kJ/mol、418.6kJ/mol 和 468.8kJ/mol。因此可以判断，分子间和分子内芳香缩合反应是该阶段的主要过程。对比该转化率范围内不同试样表观活化能拟合曲线可知，松木木质素/胶原蛋白共混物直线斜率最大，其次为松木木质素，胶原蛋白最小，即表明胶原蛋白在热解过程中通过提供一些芳基碳源，促进了松木木质素稠环芳香烃结构的构筑，增强了相互之间的芳环融合，这与高温条件下共混生物质较低的质量损失相吻合。

3.6 热解气态产物形成与分析

为了进一步研究松木木质素、胶原蛋白在共热解过程中的协同作用关系，对热解过程中典型气态产物进行分析，包括 $CH_2:$（$m/z=14$）、$CH_3\cdot$（$m/z=15$）、CH_4（$m/z=16$）、NH_3 或 $OH\cdot$（$m/z=17$）、H_2O（$m/z=18$）、CO 或 N_2（$m/z=28$）、OCH_2 或 NO（$m/z=30$）、CH_3OH 或 O_2（$m/z=32$）和 CO_2（$m/z=44$），其离子流强度随温度变化规律如图 3.10 所示。需要指出的是，TGA-MS 可以确定相对分子质量，却无法辨别具有相同质荷比的气态产物种类。例如，松木木质素主要由 C、O、H、S 等元素组成，N 元素含量相对较少，因此 $m/z=17$ 和 $m/z=30$ 主要代表 $OH\cdot$ 和 OCH_2，而对于胶原蛋白，其富含大量氨基酸（如甘氨酸、丙氨酸和谷氨酸等），$m/z=17$ 和 $m/z=30$ 则更可能为 NH_3 和 NO。

对部分生物质热解气态产物进行具体分析。在松木木质素热解过程中，随热解温度的增高，CH_4 析出曲线呈现双峰分布，峰值分别在 440℃ 和 566℃ 左右，后者离子流强度相对较低。较低温度下，CH_4 的释放主要归因于苯基丙烷单元侧链的断裂及甲氧基官能团（—OCH_3）去甲基化反应，较高温度下则与芳环的深度裂解有关。H_2O 析出贯穿整个热解过程，低温条件下 H_2O 析出量呈增长趋势，随着热解温度的升高，焦炭生成量有所增加，H_2O 与焦炭反应生成 CO_2 和 CO，致使 H_2O 析出量逐渐减少。干燥预处理条件下 H_2O 的析出主要归因于松木木质素分子内或分子间氢键断裂及热解产物的再裂解，表现为 C—C 链接缩合产物的形成。由于 OH· 与 H_2O 形成的来源相同，因而具有类似的变化趋势。CO_2 和 CO 均生成于松木木质素热解初期阶段，主要归因于苯基丙烷单元侧链上羧基、羰基和酯基官能团的分解。随着热解温度的升高，CO_2 析出量逐渐增大，在 388℃ 左右出现峰值。与 CO_2 相比，CO 的析出主要集中在高温区间，其离子流强度明显高于 CO_2，这可能与高温条件下二芳基醚官能团的断裂和挥发分的二次裂解反应有关。甲醇的析出发生在一个相对较窄的温度范围内（300～450℃），其析出最大值发生在 400℃ 左右。苯基丙烷侧链—γ 位置的脂肪—CH_2OH 官能团以及芳香甲氧基官能团是甲醇的主要来源。甲醛析出集中在低温区间，最大析出峰值在 406℃ 左右，主要归因于苯基丙烷侧链含—CH_2OH 官能团的 $C_β$—$C_γ$ 断裂，或者含羧酸官能团的—γ 键断裂。

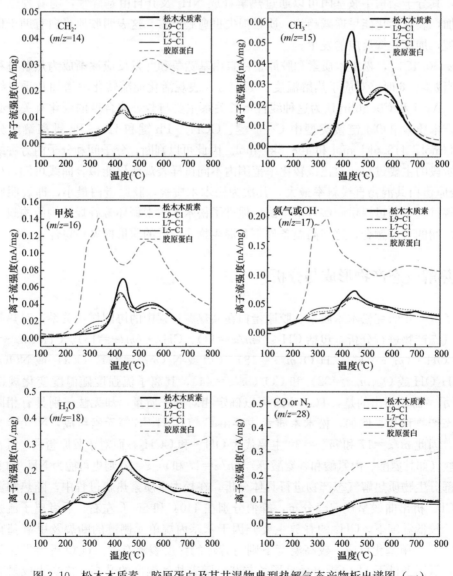

图 3.10 松木木质素、胶原蛋白及其共混物典型热解气态产物析出谱图（一）

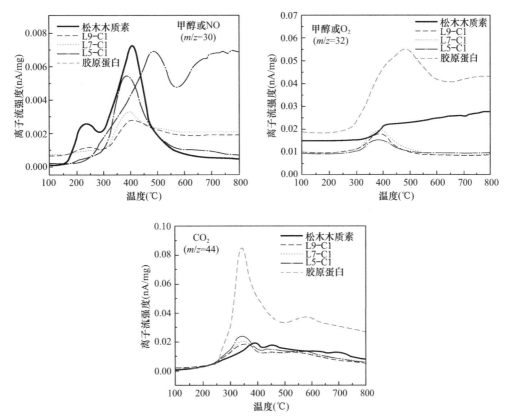

图 3.10 松木木质素、胶原蛋白及其共混物典型热解气态产物析出谱图（二）

在胶原蛋白热解过程中，脱氨基、侧链均裂、二聚化和脱羧反应是主要分解途径，伴有碳质残渣和 H_2、H_2O、CO、HCN、NH_3、甲烷和 CO_2 等多种挥发物的生成。相对松木木质素而言，胶原蛋白除了低温区间甲醛产量较少外，其余气态产物析出量均较高。由于松木木质素和胶原蛋白在化学结构上存在本质区别，其热解产物析出变化规律呈现明显差异。例如，尽管胶原蛋白中甲烷析出呈现两个峰值，分别为 339℃ 和 536℃，但与松木木质素相比，其析出峰值对应的热解温度相对较低。相同的规律存在于 H_2O 和 CO_2 析出曲线中。此外，甲醇最大析出峰值在 486℃ 左右，相比松木木质素向高温侧偏移。可以假定，松木木质素热解气态产物主要集中在中温区间（350～500℃）和高温区间（>500℃），而胶原蛋白则集中在低温区间（<350℃）和高温区间。当热解温度大于 200℃ 时，NH_3 析出量显著增加，峰值分布在 250～450℃ 之间，随着热解温度的升高，NH_3 析出量有所减少。NH_3 的释放一部分来源于伯胺的脱氨反应，一部分来源于胺和亚胺的二次反应。Ren 等认为热解中间产物 2,5-哌嗪二酮（DKP）经二次裂解生成氰化物和酰胺，单独胺类的分解反应或亚胺和胺之间的双分子反应均可以形成 NH_3。在高温条件下，胶原蛋白发生二次裂解，主要表现为部分气态产物如 H_2O、CO、NH_3、甲醇和甲醛等析出量的二次增加。

针对松木木素素/胶原蛋白共热解，少量胶原蛋白的掺入并未完全改变松木木质素的热解途径，然而，气体产物的析出变化规律明显不同。随着胶原蛋白掺量的增加，低温区间（约 300℃）甲烷最大析出峰左侧峰肩愈趋明显，这主要是由于抽氢反应中胶原蛋白甲基充当电子供体，与松木木质素热解自由基相结合，从而产生更多的甲烷。随着温度的升高（>390℃），部分气态产物如 H_2O、甲醇、CO、CO_2、NH_3 等析出峰强度均有不同程度的衰减。在 150～500℃ 温度范围甲醛析出量显著减少，当温度高于 500℃ 时，其析出量反而增加，表明胶原蛋白在一定程度上推迟了苯基丙烷侧链羟基（—CH_2OH）的热裂解。由此可以推断，共热解过程中，胶原蛋白通过促进某些气态产物如 CO_2、CO、H_2O、NH_3、CH_4 等在低温区间（<390℃）的提前释放，以达到高温区间积累残碳量的目的。这与 3.4 节中 ΔM 随热解温度升高的变化规律相吻合，一方面胶原蛋白热解产生的烯烃或炔烃，参与芳环结构含氧官能团的热裂解反应，促成饱和烷烃化合物的形成，另一方面，胶原蛋白热解产生的芳香族碳源参与松木木质素缩合反应，抑制二次热解反应的发生。

表 3.6 列出了木质素、胶原蛋白和 L5-C1 在不同特征温度范围内 m/z 值对应的 TGA-MS 离子流强度。将 L5-C1 共混物离子流强度试验值与单独松木木质素和胶原蛋白数学归一化后的理论值进行比较[类似于式（3.15）和式（3.16）]，分析结果进一步证明：共热解过程中松木木质素和胶原蛋白之间存在协同作用，具体表现为共混状态下除部分热解温度范围内 H_2O（250～400℃）和 CO_2（250～283℃）释放量增加外，其余低分子热解气态产物释放量普遍降低，尤其是在 435～800℃ 温度区间。从黏合剂应用角度来看，该协同作用有利于提高材料的高温耐受性，减少热解过程的质量损失。这种在不同热解温度范围内离子流强度试验值与理论值之间的差异可被认为是共热解过程中松木木质素与胶原蛋白协同作用的直接证据。

不同热解温度区间 TGA-MS 离子流强度积分面积　　　　表 3.6

m/z 值	种类	温度区间（℃）	松木木质素	胶原蛋白	L5-C1	Math	ΔI	Δe
14	CH_2:	150～250	0.01	0.01	0.01	0.01	−0.01	−0.38
		250～283	0.01	0.04	0.01	0.02	0.00	−0.80
		283～325	0.02	0.19	0.04	0.05	−0.01	−2.04
		325～400	0.19	0.79	0.28	0.29	−0.01	−1.14
		400～435	0.36	0.54	0.31	0.39	−0.08	−14.32
		435～500	0.62	1.38	0.50	0.74	−0.25	−22.79
		500～800	1.77	7.28	1.83	2.69	−0.86	−17.25
15	CH_3·	150～250	0.01	0.03	0.01	0.01	0.00	−0.21
		250～283	0.01	0.10	0.03	0.03	0.00	−0.48
		283～325	0.04	0.34	0.08	0.09	−0.01	−1.66
		325～400	0.65	0.78	0.93	0.67	0.25	20.20
		400～435	1.62	0.46	1.29	1.42	−0.14	−23.34
		435～500	2.39	1.90	1.72	2.30	−0.58	−53.67
		500～800	4.23	7.78	4.38	4.82	−0.43	−8.67
16	CH_4 或 NH_2·	150～250	0.14	0.44	0.12	0.19	−0.06	−3.87
		250～283	0.09	1.55	0.24	0.34	−0.10	−17.68
		283～325	0.16	4.74	0.63	0.92	−0.29	−40.95
		325～400	0.92	8.69	1.73	2.21	−0.48	−38.23
		400～435	1.92	2.97	1.66	2.10	−0.44	−75.17
		435～500	3.15	5.64	2.46	3.56	−1.11	−102.04
		500～800	6.46	21.42	6.81	8.96	−2.14	−42.84

第3章 松木木质素与胶原蛋白共热解特性分析

续表

m/z 值	种类	温度区间（℃）	松木木质素	胶原蛋白	L5-C1	Math	ΔI	Δe
17	NH_3 或 $OH\cdot$	150~250	1.08	1.09	0.86	1.09	−0.22	−13.28
		250~283	0.55	3.30	0.99	1.01	−0.02	−4.38
		283~325	0.67	7.50	1.56	1.81	−0.25	−35.40
		325~400	1.94	11.94	3.06	3.61	−0.55	−43.69
		400~435	1.89	4.21	1.78	2.28	−0.50	−85.50
		435~500	3.95	6.88	3.36	4.44	−1.08	−99.50
		500~800	10.07	29.09	8.79	13.24	−4.45	−89.00
18	H_2O	150~250	3.86	2.49	3.04	3.63	−0.59	−35.36
		250~283	1.96	6.74	3.10	2.76	0.35	63.37
		283~325	2.37	11.00	4.05	3.81	0.24	33.72
		325~400	6.86	16.33	8.99	8.44	0.55	44.26
		400~435	6.65	7.12	5.94	6.73	−0.78	−134.21
		435~500	13.96	14.02	11.36	13.97	−2.61	−240.58
		500~800	35.48	71.91	28.95	41.55	−12.60	−252.08
28	CO 或 N_2	150~250	0.12	0.03	0.07	0.11	−0.04	−2.28
		250~283	0.14	0.13	0.12	0.14	−0.02	−3.81
		283~325	0.34	0.92	0.33	0.43	−0.11	−15.22
		325~400	1.51	6.90	1.72	2.41	−0.69	−54.81
		400~435	1.47	5.28	1.37	2.11	−0.73	−125.77
		435~500	4.62	12.40	3.84	5.91	−2.07	−191.23
		500~800	22.27	67.39	19.86	29.79	−9.92	−198.49
30	OCH_2 或 NO 或 $H_2NCH_2\cdot$	150~250	0.14	0.01	0.02	0.12	−0.10	−5.93
		250~283	0.07	0.02	0.02	0.07	−0.05	−8.29
		283~325	0.10	0.07	0.05	0.09	−0.05	−6.80
		325~400	0.34	0.24	0.32	0.32	0.00	−0.03
		400~435	0.24	0.16	0.16	0.23	−0.08	−12.89
		435~500	0.22	0.40	0.17	0.25	−0.08	−7.70
		500~800	0.21	1.78	0.27	0.47	−0.19	−3.89
32	CH_3OH 或 O_2	150~250	0.01	0.02	0.00	0.01	−0.01	−0.56
		250~283	0.01	0.03	0.01	0.01	0.00	0.22
		283~325	0.03	0.23	0.05	0.06	−0.01	−0.97
		325~400	0.22	1.44	0.38	0.43	−0.05	−4.10
		400~435	0.25	1.05	0.16	0.38	−0.22	−37.65
		435~500	0.47	2.29	0.14	0.77	−0.63	−58.57
		500~800	6.09	7.63	0.12	6.35	−6.22	−124.50
44	CO_2	150~250	0.22	0.09	0.20	0.20	0.00	0.00
		250~283	0.21	0.35	0.28	0.23	0.05	8.36
		283~325	0.40	1.46	0.63	0.58	0.05	7.68
		325~400	1.07	5.11	1.51	1.74	−0.23	−18.52
		400~435	0.59	1.55	0.46	0.75	−0.29	−49.17
		435~500	1.05	2.22	0.87	1.25	−0.38	−35.38
		500~800	3.53	9.23	2.79	4.48	−1.69	−33.80

注：Math＝5×(松木木质素热解产物积分面积)/6＋1×(胶原蛋白热解产物积分面积)/6；ΔI＝(L5-C1 热解产物积分面积)−Math；Δe＝ΔI×6000/(温度区间)。

3.7 共热解过程胶原蛋白作用机理

松木木质素和胶原蛋白热解过程中主要气态产物、自由基碎片及其可能的归属见表 3.7。就木质素热解而言,其脱挥过程始于羟基和醚基的裂解,伴随着 H_2O 和甲醛的形成。随着热解温度的升高,大量羧基、羰基、醚基和甲氧基发生裂解,并释放出大量 CO、CO_2、甲醇和甲烷等挥发物以及酚类和烷基芳族化合物。例如,愈创木酚类化合物中的甲氧基裂解可能伴有苯酚、甲酚和儿茶酚类等衍生物,以及低分子量自由基(CH_2:、CH_3·和 CH_3^+)和挥发性物质(CO、CO_2、CH_4)的形成。在更高的温度下,不同自由基相互结合发生二次反应。对于胶原蛋白基本单元——氨基酸的热解,具体涉及脱氨基、侧链均裂、二聚和脱羧反应,这些分解途径可以产生 H_2、H_2O、CO、HCN、NH_3、甲烷和 CO_2 等挥发物。

基于上述分析,提出胶原蛋白对松木木质素热解的作用机理:①当温度介于 250～283℃时,抑制松木木质素苯基丙烷侧链 γ—C 末端羟基、酯基或羧基官能团的分解,减少 H_2O、甲醛和甲醇等部分气态产物的释放;②在 250～400℃温度范围内,降低反应所需的表观活化能,促进 α 或 β-烷基芳基醚裂解,增强脱水、脱羧、脱氨反应,并保持芳环结构完整性;③在 400～500℃温度范围内,抑制甲烷、CO、H_2O、CO_2 等气态产物的析出,并提供芳香族碳源参与松木木质素缩合反应,以促进高度稠环芳烃结构的形成,提高高温区间碳质残留物的积累。

松木木质素、胶原蛋白及其共混物热解气态产物及自由基中间体　　表 3.7

m/z 值	自由基碎片或气态产物	归属 松木木质素	胶原蛋白
14	CH_2:	甲氧基电离碎片;愈创木酚类化合物中甲氧基裂解	亚甲基
15	CH_3·	甲氧基电离碎片;愈创木酚类化合物中甲氧基裂解	甲基
16	CH_4	酚单元中甲氧基取代基;芳环断裂	甲基
17	OH· 或 NH_3	羟基和醚基	2,5-哌嗪二酮分解,亚胺及胺之间脱氨反应
18	H_2O	水分蒸发;羟基和醚基	脱水反应及分子内缩合
28	CO	末端为羰基—CHO 的烷基侧链;二芳基醚基团;甲醛二次热解或高温下其他自由基偶联反应	羧基、羰基和醚基、2,5-哌嗪二酮分解
30	$HCHO$	苯基丙烷侧链上的末端—CH_2OH 官能团和 γ 位置酯基或羧基	末端—CH_2OH 官能团
32	CH_3OH 或 O_2	酚单元中甲氧基取代基;烷基侧链与末端羟基相连的 γ—C 键	末端—CH_2OH 官能团
44	CO_2 或 CH_3CHO	羧基、羰基和醚基	脱羧反应

3.8 小结

(1) 松木木质素、胶原蛋白及其共混物热解过程可划分为三个阶段,即脱水阶段、热解阶段、炭化阶段。松木木质素和胶原蛋白之间的协同作用主要发生在中高温区间,且低加热速率条件下该协同作用更加显著。

（2）基于 Kissinger 微分法、Weibull 分布模型和 FWO 积分法计算求取的生物质热解表观活化能遵循相同的变化趋势，即松木木质素（245kJ/mol）＞L9-Cl（242kJ/mol）＞L7-Cl（240kJ/mol）＞L5-Cl（225kJ/mol）＞胶原蛋白（194kJ/mol）。

（3）共热解过程中，胶原蛋白的掺入致使热解途径及热解产物更加趋于多元化，其有助于降低热解表观活化能，在 250～400℃ 温度区间促进部分有机官能团裂解，并在 400～800℃ 参与芳烃片段缩合反应以形成稠环芳烃物质，提高 800℃ 残炭率。

第 4 章 松木木质素与胶原蛋白炭化结构演变研究

木质素的热解过程是在无氧或缺氧条件下，通过对木质素进行加热处理分解产生焦炭、焦油及气体产物的过程。针对木质素的热解，多数研究集中于热解特性、热解动力学、热解气体产物分析及机理探究等方面，涉及从热解固态产物角度揭示热解反应过程的研究相对较少。Sharma 等认为在热解过程中，木质素发生脱水、羰基形成及脱除、脂肪族基团分解、芳香族结构形成等变化，伴随流态有机焦油、囊泡和脆性焦炭结构、炭质表面无机元素积累及二次热解侵蚀等现象的产生。当热解温度从 350℃ 升高至 400℃，木质素焦炭比表面积达到最大值（$5m^2/g$），进一步增加热解温度，比表面积则呈下降趋势。在木质素热解过程中，无机物的存在可能会产生或轻微或显著的协同效应，影响木质素炭的结构特征、表面化学、炭产率和反应性。例如，Dall'Ora 等指出在热解过程中，灰烬中的天然矿物质如钙和钾可以催化分子碎片发生交联，增加炭产量并防止形态学变化。Raveedran 等发现钾可以高效催化木质素焦炭气化产生 CO 和 H_2，减少焦炭生成量。与无机物类似，有机添加剂的存在对木质素热解过程同样造成影响。Yu 等提出在木质素和纤维素的混合物体系中，随着热解反应的进行，纤维素表面被更多的熔融木质素层覆盖；共混热解产物左旋葡聚糖（$C_6H_{10}O_5$）的生成有助于促进再聚合反应的发生，使得生物炭实际生成量明显高于理论值。Chen 等发现聚丙烯与木质素共混热解时，生成的自由基之间可以发生协同反应，较高的聚丙烯添加量对不均匀性残留焦炭的形成具有促进作用，表现为共热解炭表面形态维数比例的增加。

基于前期研究，作者发现共热解过程中松木木质素和胶原蛋白存在相互作用关系。因此，提出如下假设：新型石墨电极各项性能参数，如密度、电导率、机械强度等的增加可能归因于生物质共热解协同作用下交联芳烃结构的形成，具体表现为热解固态产物中 PAHs "平均" 尺寸和组成比例的增加。本章以松木木质素、胶原蛋白及其共混物为研究对象，对热解固体产物的残炭率进行测试，并通过元素分析、傅里叶红外光谱、扫描电子显微镜等表征手段对其元素及有机官能团组成、微观形貌和结构进行对比分析，以深入了解共热解过程中生物质成炭过程及结构演变规律，进一步阐明松木木质素/胶原蛋白共混黏结剂在石墨电极制备中的黏结作用机理。

4.1 材料与方法

4.1.1 原料

松木木质素通过 Lignoboost™ 高效萃取分离工艺酸析制浆黑液所得。风干后的松木木质素经破碎、低温（40~50℃）烘干 72h 后，研磨过 100 目筛。胶原蛋白为淡黄色颗粒物，提取自动物组织器官，主要由甘氨酸（NH_2CH_2COOH，34%）、脯氨酸（$C_5H_9NO_2$，12%）、羟脯氨酸（$C_5H_9NO_3$，10%）、丙氨酸（CH_3CHNH_2COOH，10%）、谷氨酸

(COOHCH$_2$CH$_2$CHNH$_2$COOH，7%）等氨基酸构成。称取少量胶原蛋白于 20mL H$_2$O 中，在 60~70℃下加热溶解成胶原蛋白水溶液，加入不同质量松木木质素搅拌均匀后低温（60℃）烘干，研磨过 100 目筛。以松木木质素与胶原蛋白质量比例（如 9∶1、7∶1、5∶1）命名不同生物质共混物，即 L9-C1、L7-C1、L5-C1。

4.1.2 热解试验

在垂直管式炉（Applied Test System，Inc. Series 3210）中进行热解试验，如图 4.1 所示。具体操作步骤如下：称取约 1g 干燥试样于石英坩埚中，悬挂至炉体加热位置。热解前，通入高纯氮气（气体流量为 50mL/min）排除加热管内残留空气，以避免高温氧化反应的发生。采用 10℃/min 加热速率从室温加热至指定温度（250℃、300℃、350℃、400℃、450℃、500℃、600℃、700℃、800℃、900℃、1000℃），并恒温 30min，待电源关闭、试样完全冷却后取出待测。试样残炭率以热解后固体残留质量占原始质量的百分比计，重复试验多次取平均值。通过最小显著性差异法（LSD）对不同试样和热解温度下残炭率的显著性差异进行评估，其置信区间一般为 95%（$P<0.05$）。特殊地，450~1000℃热解范围内，松木木质素与 L5-C1 残炭率差异的置信区间为 90%（$P<0.1$）。

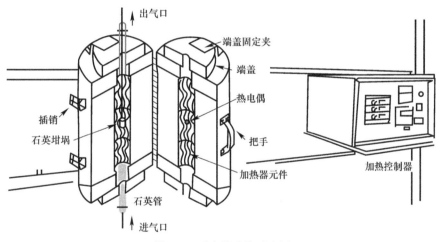

图 4.1 垂直管式炉示意图

4.1.3 材料表征

利用元素分析仪（日本 Shimadzu 公司，EA 1110）对不同热解温度下试样的 C、H、S、N 等元素含量进行测定，O 元素含量通过 C、H、N、S 含量差值进行计算，标准误差为±3%。利用衰减全反射傅里叶变换红外光谱仪（德国 Bruker 公司，ATR-FTIR，VERTEX70）分析试样有机官能团结构，光谱扫描范围为 400~4000cm^{-1}。利用超高分辨率场发射扫描电子显微镜（荷兰 FEI 公司，Nova NanoSEM 630）观察试样微观结构和形貌。测试前，将试样粘附于碳素导电胶上，经喷铱处理后放置于试样测试台。

4.2 残炭率变化

以松木木质素为例，探究不同热解时间下生物质残炭率变化规律。如图 4.2 所示，随着热解时间的延长，松木木质素残炭率逐渐降低并趋于恒定，恒定阶段对应于松木木质素

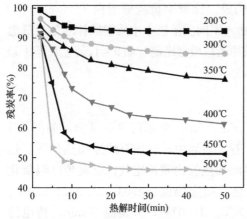

图 4.2 热解时间对松木木质素残炭率的影响

的热解平衡时间。低温条件下，松木木质素失重较为缓慢，主要表现为物理或化学吸附水的脱除；随着热解温度的升高，热解平衡时间逐渐缩短，主要是因为高温条件下传热传质速率加快，可以在短时间内提供松木木质素裂解所需能量。此外，升温过程中松木木质素残炭率呈现出相同的递减趋势，尤其是350～450℃温度区间，残炭率衰减幅度最为严重，表明此时松木木质素热解反应剧烈，是质量损失的主要阶段。

对松木木质素、胶原蛋白及其共混物的残碳率进行对比分析，其变化曲线如图4.3所示。可以看出，不同生物质的残炭率变化遵循相同的衰减趋势。松木木质素和胶原蛋白在600℃以上时仍有失重行为，表现出相对较宽的失重温度区间。低于200℃时，轻微失重主要归因于水分蒸发、烷烃侧链或弱醚键断裂以及共存糖类物质降解等。在250～600℃温度区间，失重变化明显，对应于主要热解反应的发生。随着热解温度进一步升高，失重逐渐趋于平稳，600～1000℃残炭率差值仅为3.3%～5.3%。1000℃条件下，不同生物质残炭率按高低顺序排列依次为：L9-C1（43.39%）＞L7-C1（42.16%）＞L5-C1（42.11%）＞松木木质素（41.72%）＞胶原蛋白（22.58%）。该结果与热失重数据不完全一致，可能是因为热解条件及测试设备的差异。对比胶原蛋白，松木木质素的残炭率相对较高，主要是

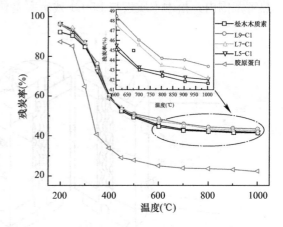

图 4.3 热解过程中不同生物炭残炭率变化曲线

因为愈创木酚基化合物受热产生含苯环自由基，其易与酚羟基官能团通过自由基偶合反应生成结构稳定的大分子缩合产物，从而导致热稳定性增强，焦炭产量增加。针对松木木质素与胶原蛋白共混物，其残炭率介于41%～44%之间，且随着胶原蛋白质量比例的增加逐渐减小（表4.1）。相比单一松木木质素而言，共混生物质的残炭率均有所提高，即表明松木木质素与胶原蛋白之间存在协同作用关系。前期TGA-MS分析结果也表明，低温条件下（250～400℃），胶原蛋白的存在有利于减少H_2O、甲醛和甲醇等气态产物的逸出，降低α-烷基芳基醚和β-烷基芳基醚裂解表观活化能；高温条件下（400～800℃），其芳烃碳源结构参与松木木质素芳烃缩合反应，有助于高度稠合芳烃黏结体系和更多稳定性碳质产物的形成。

600℃和1000℃条件下松木木质素、胶原蛋白及其共混物残炭率　　　　表 4.1

试样名称	松木木质素	L9-C1	L7-C1	L5-C1	胶原蛋白
松木木质素/胶原蛋白质量比例	1∶0	9∶1	7∶1	5∶1	0∶1
600℃热解残炭率	45.1%	48.4%	47.5%	45.4%	24.9%
1000℃热解残炭率	41.8%	43.6%	42.6%	42.2%	22.6%

4.3 元素组成变化

结合松木木质素、胶原蛋白及其共混物 TGA 曲线分析结果，选择 250~600℃温度区域作为研究范围。在该温度区间，松木木质素和胶原蛋白炭化产物的元素组成变化规律分别如图 4.4 和图 4.5 所示。基于 C∶H、C∶O 和 C∶N 初始原子比（表 4.2），可以发现，热解过程中含 O、N、H 等气态产物不断释放，C 元素不断富集积累，所占比例呈递增趋势。例如，经 600℃热解后，胶原蛋白生物炭每 16 个 C 对应 1 个 O，每 6 个 C 对应 1 个 N，每 2 个 C 对应 1 个 H。然而，在 250℃时，C 元素相对比例明显降低。鉴于 S 元素在松木木质素和胶原蛋白元素组成中所占比例较少，其影响可忽略不计。

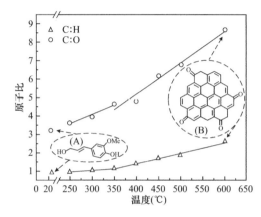

图 4.4 松木木质素生物炭原子比例与热解温度之间的关系

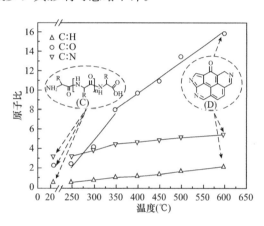

图 4.5 胶原蛋白生物炭原子比例与热解温度之间的关系

松木木质素、胶原蛋白及其共混物 C∶O、C∶H、C∶N 原子比　　表 4.2

原子比例	松木木质素	L9-C1	L7-C1	L5-C1	胶原蛋白
C∶O	3.21	3.15	3.17	3.04	2.32
C∶H	0.90	0.86	0.84	0.83	0.54
C∶N	—	40.35	32.26	25.30	3.18

生物质热解过程中 H 和 O 的损失主要归因于脱水、脱羰基、脱羧、脱甲基化和脱甲氧基化反应引起的大量挥发性气态产物的释放，例如 H_2O、CO、CO_2、甲醇、甲烷、甲醛等。胶原蛋白主要由胺类物质（如甘氨酸、丙氨酸和谷氨酸等氨基酸）和 5 环烷烃（如脯氨酸和羟脯氨酸）构成，在热解过程中，其可以分解为 NH_3、HCN、$HNCO$ 或 NO 等气体。相比 C∶H，C∶O 原子比增幅较大，尤其在 350℃以上温度区间，可以推断热解过程中脱羧反应比直接脱氢或脱甲基反应剧烈。对于胶原蛋白，低温（250~350℃）条件下 N 元素的释放速率相对较快，其释放规律与氨气（$m/z=17$）离子流强度谱变化曲线相吻合，即氨气在 350℃附近时释放量达到最高，随着热解温度的进一步升高，其释放量呈减少趋势。低温条件下 N 元素的损失主要归因于 2,5-哌嗪二酮（DKP）的脱氨基反应和二次分解；高温条件下，则可能与含 N 多环烃的裂解和热解中间产物的次级反应有关。

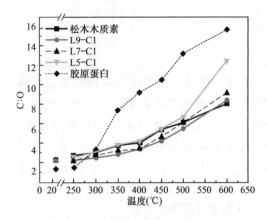

图4.6 不同热解温度下松木木质素、
胶原蛋白及其共混物质 C∶O 原子比例

对不同热解温度下松木木质素、胶原蛋白及其共混物的组成元素原子比例进行对比分析（图4.6～图4.8）。如图4.6所示，生物炭 C∶O 原子比一般介于 2～4 之间，随着热解温度的升高，含 O 基团逐渐发生裂解，并释放挥发性气态产物。在 600℃热解 30min 后，胶原蛋白生物炭 C∶O 比增加至 16∶1，表明大量 PAHs 结构的形成；而对于松木木质素和 L5-C1，600℃下 C∶O 原子比仅为 9∶1 和 13∶1，由此判断，胶原蛋白热解炭化更易形成含氧 PAHs 结构。就 C∶H 而言（图4.7），原始生物质 C∶H 比例在 0.5～0.9 范围内，热解至 600℃后增至 2.1∶1～2.7∶1 之间，在多数热解温度下，胶原蛋白生物炭 C∶H 比最低，其次为 L5-C1。至于 C∶N（图4.8），随着热解温度的升高，胶原蛋白和不同共混物分别从 3.2∶1 和 25∶1 升高至 5.5∶1 和 60∶1，且随着共混体系中松木木质素质量比例的增加，C∶N 比例逐渐增加。胶原蛋白生物炭中低 C∶N 比主要与更多含 C 气态产物的释放有关。

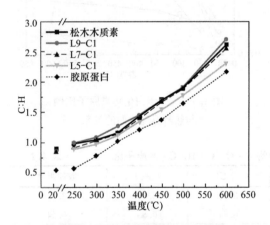

图4.7 不同热解温度下松木木质素、
胶原蛋白及其共混物质 C∶H 原子比例

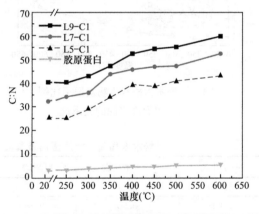

图4.8 不同热解温度下胶原蛋白
及其共混物质 C∶N 原子比例

基于上述结果及文献调研，提出松木木质素、胶原蛋白及其共混物热解过程炭质结构演变过程，如图4.9所示。就单独松木木质素而言，热解过程中愈创木酚结构单元（图4.4中"A"）逐步转化为类石墨烯 PAHs 结构（图4.4中"B"）。同样，胶原蛋白典型多肽结构（图4.5中"C"）经脱水、脱羧和脱氨基反应后，最终转化为含氮 PAHs 结构（图4.5中"D"）。研究认为，在低温热解条件下，小分子简单氨基酸几乎可以完全转化为气态产物，而对于高分子复杂氨基酸，其倾向于生成低分子量杂环和气态产物，如乙烯、乙炔、1,3-丁二烯和其他化合物等；在高温热解条件下，这些低分子杂环和气态产物可以作为结构单元，聚合形成具有 5～7 元环结构的复杂杂环芳烃。因此推断当胶原蛋白引入松木木质素有机体系时，部分热解中间体可能作为芳基碳源供体参与松木木质素芳香缩合反应，交联形成高度芳香稠环体系，从而致使松木木质素生物炭芳环数量从 12 增至 14～

20。该稠环结构与共混热解生物炭的机械强度、密度和导电性等性能密切相关。经高温热解后，松木木质素与胶原蛋白共混生物质最终形成类石墨结构炭。

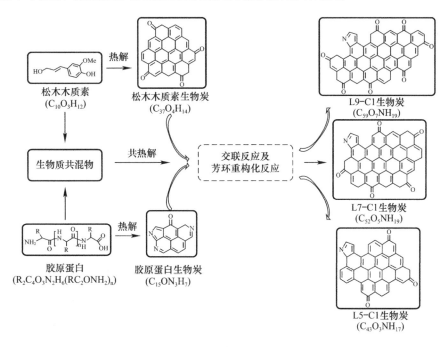

图4.9 松木木质素、胶原蛋白及其共混物质热解炭化产物结构示意图

4.4 有机官能团变化

4.4.1 松木木质素

采用衰减全反射傅里叶变换红外光谱（ATR-FTIR）对松木木质素、胶原蛋白及其共混物的有机官能团进行分析，结果如图4.10所示。就松木木质素而言，其红外光谱大致可以划分为6个区域：①羟基伸缩振动区（3200～4000cm^{-1}）；②碳氢键伸缩振动区（2500～3200cm^{-1}）；③羰基、烯烃双键伸缩振动区（1600～2000cm^{-1}）；④苯环骨架振动及碳氢键变形振动区（1400～1600cm^{-1}）；⑤羟基、碳氢键、碳氧键、碳碳键等变形振动区（1000～1400cm^{-1}）；⑥苯环、脂肪族链烃C—H变形振动区（600～900cm^{-1}），具体官能团归属见表4.3。可以看出，所用木质素属软木木质素，且具有典型的愈创木基型木质素特征。

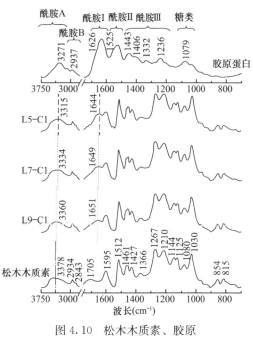

图4.10 松木木质素、胶原蛋白及其共混物红外光谱图

松木木质素 ATR-FTIR 特征吸收峰归属	表 4.3
波长范围/位置（cm^{-1}）	特征峰归属
3200~4000	醇/酚羟基（—OH）伸缩振动
2500~3200	甲基（—CH$_3$）、亚甲基（—CH$_2$—）中 C—H 伸缩振动
1705	非共轭酮、羰基和酯基中 C=O 伸缩振动
1595	芳环骨架振动
1512	芳环骨架振动
1461	—CH$_3$、—CH$_2$—中 C—H 不对称变形振动和芳环振动
1427	芳环 C—H 平面变形振动
1366	酚 O—H 面内弯曲振动及脂肪族甲基 C—H 弯曲振动
1267	愈创木基单元中 C—O 伸缩振动
1210	C—C、C—O、C=O 伸缩振动
1144	愈创木基单元中 C—H 面内变形振动
1125	紫丁香基单元中 C—H 面内变形振动
1080	伯醇、醚中 C—H 和 C—O 弯曲振动
1030	O—CH$_3$ 和 C—OH 中 C—O 伸缩振动
854	愈创木基单元 2，5，6 位置的 C—H 面外振动
815	相邻芳基 C—H 摇摆振动

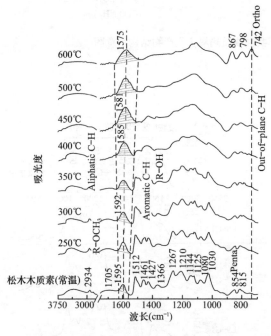

图 4.11 不同热解温度下松木木质素生物炭 ATR-FTIR 光谱

不同热解温度下，松木木质素生物炭的红外光谱如图 4.11 所示。由图可知，当温度为 200℃时，3375cm^{-1}区域附近缔合羟基特征峰明显宽化，峰强略微减弱，1125cm^{-1}区域附近紫丁香基单元 C—H 平面振动吸收峰表现为增强趋势，表明该温度区间松木木质素在发生脱水反应的同时，伴随着苯基丙烷结构单元部分侧链的少许裂解，从而形成木质素小分子片段结构。随着热解温度的升高，松木木质素焦炭主要有机官能团特征峰明显蓝移，原因可能归因于高温条件下碳质组分的增加。

在 200~400℃温度范围内，3375cm^{-1}区域附近缔合羟基吸收峰强度明显减弱，表明酚羟基、醇羟基的大量分解；然而，3623cm^{-1}区域附近游离羟基（—OH）伸缩振动峰强度呈先增后减趋势，在 400℃时达到峰值，主要归因于热解生物炭吸水特性；此外，1705cm^{-1}、1365cm^{-1}、1266cm^{-1}、1211cm^{-1}、1080cm^{-1}、1030cm^{-1}区域附近多个特征吸收峰强度均明显减弱，表明苯基丙烷结构单元侧链有机官能团在该温度区间逐渐分解。

当热解温度为 450℃时，2935cm^{-1}区域附近脂肪族 C—H 伸缩振动吸收峰基本消失，表明松木木质素炭化产物基本芳构化；1426cm^{-1}区域附近芳环 C—H 平面变形振动峰、1030cm^{-1}区域附近芳环 C—H 平面变形振动峰和 O—CH$_3$ 及 C—OH 中 C—O 伸缩振动峰不复存在，表明松木木质素炭化过程中脱氢缩聚反应同时进行；随着热解温度的升高，853cm^{-1}区域附近愈创木基单元 2，5，6 位置 C—H 面外振动峰以及 817cm^{-1}区域附近相邻芳基 C—H 摇摆振动峰强度和 742cm^{-1}区域附近逐渐降低，表明脱氢缩聚反应加剧，半焦开始形成。600℃温度下，仅存 853cm^{-1} 和 742cm^{-1} 区域附近两个微弱特征吸收峰，且分别蓝移至 865cm^{-1} 和 791cm^{-1} 区域附近，表明芳香烃取代程度降低，萘、萘取代物、蒽、菲等稠环体系逐渐形成。此外，1512cm^{-1} 区域附近芳环骨架振动、1595cm^{-1} 区域附近芳香环共轭的 C=O 的伸缩振动吸收峰强度明显减弱，表明部分苯环被解链或被芳香族化。

4.4.2 胶原蛋白

对于胶原蛋白而言，其主要由甘氨酸、丙氨酸、谷氨酸、脯氨酸、羟脯氨酸等多种氨基酸组成，具有酰胺 A、酰胺 B 及酰胺 I、II 和 III 等特征吸收峰（图 4.10）。一般而言，3400～3440cm^{-1} 区域附近对应于酰胺 A 带 N—H 的伸缩振动。当含有 N—H 基团的分子肽段参与氢键形成时，N—H 伸缩振动即向低频率偏移。本研究中胶原蛋白酰胺 A 带对应吸收峰在 3271cm^{-1} 左右，表明胶原蛋白分子结构中存在氢键作用。3072cm^{-1} 和 2937cm^{-1} 区域附近对应于酰胺 B 带 CH$_2$ 不对称伸缩振动。1627cm^{-1} 区域附近对应于酰胺 I 带多肽骨架 C=O 伸缩振动，为蛋白质二级结构敏感区。1525cm^{-1} 区域附近对应于酰胺 II 带 C—H 伸缩振动与 N—H 弯曲振动，为 α-螺旋、β-折叠、转角和无规卷曲叠加产生的吸收带；1300～1500cm^{-1} 区域附近对应于酰胺 III 带 CH$_2$ 和 CH$_3$ 伸缩振动；1236cm^{-1} 区域附近对应于 N—H 变形振动和 C—N 伸缩振动，表明胶原蛋白存在三维螺旋结构；1005～1100cm^{-1} 区域附近对应于共存糖类杂质中 C—O 和 C—O—C 伸缩振动。

不同热解温度下，胶原蛋白生物炭的红外光谱如图 4.12 所示。由图可知，当温度低于 250℃时，所有官能团特征峰位置基本保持不变，但峰强略微减弱。以 I_{1236}/I_{1443}（1236cm^{-1} 和 1443cm^{-1} 处吸收峰面积比）为评价指标，半定量分析热解过程对胶原蛋白分子结构的影响。250℃时，I_{1236}/I_{1443} 比值由室温 1.26 降至 0.68，表明三螺旋结构的破坏和缺失。此外，酰胺 II 峰从 1525cm^{-1} 红移至 1518cm^{-1} 处，表明在热解作用下胶原蛋白结构进一步解体。当热解温度为 300℃时，除 1626cm^{-1} 和 1443cm^{-1} 处特征吸收峰外，其余吸收峰（3271cm^{-1}、1525cm^{-1}、1406cm^{-1}、1332cm^{-1}、1237cm^{-1} 和 1079cm^{-1}）强度明显下降，甚至消失，其对应相关官能团（如氨基、甲基、亚甲基、羧基、羰基、醚基和末端—CH$_2$OH 基团等）的热裂解及部分挥发性气体的释放。有趣的是，在该热解温度下，

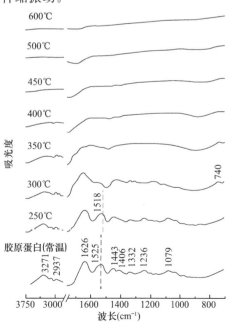

图 4.12 不同热解温度下胶原蛋白生物炭 ATR-FTIR 光谱

740cm⁻¹处出现新吸收峰（对应于芳环邻位取代），表明胶原蛋白生物炭结构中PAHs物质不断形成。当热解温度高于400℃时，多数特征峰变宽或者消失。

4.4.3 松木木质素与胶原蛋白共混物

对于松木木质素/胶原蛋白共混物，其红外光谱与单独松木木质素大致相同（图4.10），不同之处主要体现在：①1644cm⁻¹附近存在肩峰，对应于胶原蛋白结构中酰胺Ⅰ带多肽骨架C=O伸缩振动；②3094~3388cm⁻¹处醇或酚O—H伸缩振动峰值强度有所增加，其与胶原蛋白酰胺A吸收峰的叠加相关；③且随着胶原蛋白掺量的增加，O—H伸缩振动峰与1651cm⁻¹处吸收峰不断红移，即表明松木木质素和胶原蛋白之间存在氢键相互作用。经500℃热解后，松木木质素和L5-C1均在1575~1595cm⁻¹处显现明显的特征吸收峰（图4.13），其归属于芳环骨架振动。与松木木质素相比，后者吸收峰强度相对较高。此外，L5-C1生物炭在1644cm⁻¹附近仍然存在肩峰，表明酰胺Ⅰ在此热解温度下尚未完全裂解。对于单独的胶原蛋白生物炭，1575~1595cm⁻¹附近出现弱吸收峰，表明其热解过程中芳香性物质的形成。

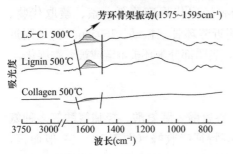

图4.13 500℃热解温度下木质素、胶原蛋白和L5-C1 ATR-FTIR分析

不同热解温度（250~600℃）下，松木木质素/胶原蛋白共混物（以L5-C1为例）对应的红外光谱如图4.14所示。可以定性地看出，随着热解温度的升高，红外吸收峰逐渐趋于平滑，其主要对应于生物炭中O、H和N等元素含量的减少。热解过程中L5-C1与木质素的FTIR相应表现出相似的变化趋势。以L5-C1为例，随热解温度升高至350℃，OH和NH基（3000~3600cm⁻¹）吸收峰强度有所减弱，但在400℃时出现了轻微的增长，这可能与高温炭化有关。由于酚羟基具有高温稳定性，在600℃时，仍可观察到微弱的OH基吸收峰。

低温条件下，尤其是350~400℃温度区间，L5-C1生物炭特征吸收峰强度显著降低，例如脂肪族CH伸缩振动（2934cm⁻¹）、甲氧基对称CH₃伸缩振动（2843cm⁻¹）、与芳环不相连羰基伸缩振动（1705cm⁻¹）、胶原蛋白酰胺Ⅰ

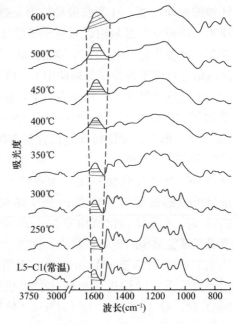

图4.14 L5-C1生物炭ATR-FTIR光谱

（1644cm⁻¹）骨架振动、芳环骨架振动（1512cm⁻¹）、CH面内弯曲振动和OH弯曲振动（1366cm⁻¹）、愈创木基环加C—O伸缩振动（1267cm⁻¹）、C—C和C—O及C=O伸缩振动（1210cm⁻¹）、木质素结构单位CH面内变形振动（1144和1125cm⁻¹）、伯醇或脂族醚C—O变形振动（1080cm⁻¹）以及O—CH₃和C—OH中CO伸缩振动（1030cm⁻¹）等，

其主要与相关官能团的热分解相关。同时，随着热解温度的升高，1595cm^{-1}处特征吸收峰（芳环骨架振动）面积逐渐增大。Faix等指出，热解过程中愈创木酚型酚类易在芳环邻位或间位位置发生自由基偶联反应，从而导致焦油馏分或碳残留物中存在大量芳环缩合产物。

当热解温度为 400℃ 时，部分特征吸收峰如与芳环不相连的羰基伸缩振动（1705cm^{-1}）、酰胺Ⅰ（1644cm^{-1}）、伯醇或脂族醚CO变形振动（1080cm^{-1}）逐渐消失。位于1461cm^{-1}和1427cm^{-1}处特征吸收峰发生重叠。随着热解温度进一步升高，更多特征吸收峰消失。相反地，芳环骨架振动吸收峰强度（1595cm^{-1}）不断增加，并在400℃时红移至1586cm^{-1}处，600℃时红移至1582cm^{-1}处。上述变化表明，L5-C1炭化过程中脂肪族单元结构发生分解，芳构化程度逐渐加深。

随着热解反应的进行，芳构化反应进一步加剧，L5-C1富碳生物炭逐渐形成，其反映在芳环取代和缩合程度的变化上。例如，在600℃时，单独芳基CH吸收峰从854cm^{-1}蓝移至872cm^{-1}，强度显著增强，表明稠合芳族结构（如萘、取代萘和更大聚合芳烃）的形成；815cm^{-1}处吸收峰移至804cm^{-1}，表明含有两个和/或三个邻位芳环氢体系的形成。此外，745cm^{-1}处吸收峰在450℃左右开始出现，且强度不断增强，表明含有四个邻位 C—H 键的PAHs体系（萘、萘取代物菲）和更高稠合程度芳烃的形成。

4.4.4 不同生物炭有机官能团半定量分析

综合上述分解结果可以发现，不同生物质热解过程中，芳环骨架振动（以 1575～1595cm^{-1}为中心）吸收峰面积均呈现类似的规律，即持续增长至450～500℃后趋于稳定。相比单独木质素，L5-C1芳环骨架振动吸收峰面积比例增幅达到17%～34%，且该差异随着温度的升高而增加（图4.15），这与 C∶O、C∶H 和 C∶N 元素比例变化趋势相吻合，即表明胶原蛋白有助于促进共混体系多芳环烃的生长。因此，以 1575～1595cm^{-1}为参考峰，通过计算其他特征吸收峰与其峰面积比值，进一步评估共热解过程中松木木质素与胶原蛋白之间的协同作用关系。

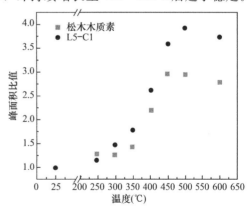

图 4.15　1575～1595cm^{-1}芳环骨架振动吸收峰面积比例与热解温度的关系

具体而言，针对醇或酚 O—H 伸缩振动吸收峰（对应于 3094～3588cm^{-1}波段范围，如图4.16（a）所示），室温条件下松木木质素峰面积比值为4.7∶1，L5-C1为5.1∶1，随着热解温度的升高，两者比值逐渐下降，但在低于300℃范围内L5-C1明显高于木质素，当热解温度升上至600℃时，该值仅为0.8∶1。对于甲氧基 O—CH$_3$ 中对称伸缩振动吸收峰（对应于 2675～2854cm^{-1}波段范围），低于350℃时，松木木质素峰面积比值基本保持在0.3，当热解温度上升至600℃时，该比值迅速下降至0.07，而L5-C1变化趋势则较为缓慢［图4.16（b）］。对于脂肪族C—H伸缩振动吸收峰（对应于2854～2988cm^{-1}波段范围），热解过程中松木木质素峰面积比值从0.9下降至0.12［图4.16（c）］，L5-C1虽然也遵循类似的趋势，但起始下降温度延迟至

250℃，且在 350~400℃ 温度范围内下降幅度更大，该规律进一步证实了前期研究结果，即胶原蛋白对 350~400℃ 温度范围内木质素的脱水、脱羧和脱甲氧基反应具有促进作用。值得一提的是，对于上述三类特征峰，其比值均在 450℃ 左右近乎恒定，这在一定程度上表明，在 450℃ 条件下热压制备生电极可以最大限度促进热解气态产物释放，抑制后续焙烧过程中膨化行为的发生。定义芳香族 C—H 特征吸收峰（3013~3094 cm^{-1}）与脂肪族 C—H 特征吸收峰（2854~2988 cm^{-1}）峰面积比值为"芳香度指数"。如图 4.16(d) 所示，低于 350℃ 时，松木木质素比率基本保持平稳，随着热解温度的升高，该比值有所增加，其可归因于木质素结构中脂肪族化合物的转化和芳香族化合物的形成。相比之下，L5-C1 芳香度指数相对较高，表明胶原蛋白可以提供芳基碳源，诱导促进芳环网络结构的形成。综合来讲，热解过程中木质素和 L5-C1 遵循相同的变化趋势，即芳环骨架振动增强，醇或酚 OH、甲氧基 O—CH_3 和脂肪族 C—H 强度减弱，对应于聚合芳族结构体系的形成和有机官能团的裂解。

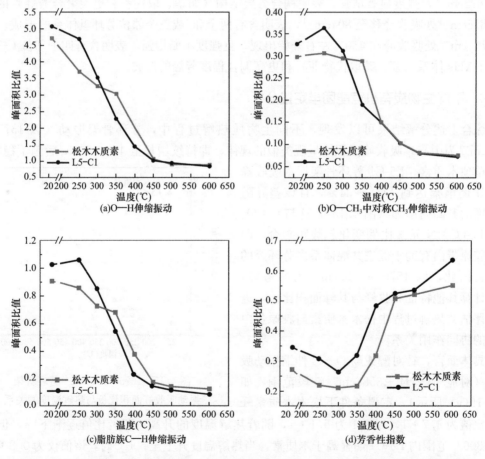

图 4.16 不同热解温度下木质素和 L5-C1 生物炭中羟基、脂族 CH、甲氧基和芳香性指数

通过计算芳香族 C—H 面外振动吸收峰（700~900 cm^{-1}）与芳环骨架振动吸收峰（1575~1595 cm^{-1}）面积比值，评估生物炭芳香族取代和缩合程度。如图 4.17(a) 所示，松木木质素和 L5-C1 遵循相同的变化趋势，但前者比值始终高于后者。在 300~350℃ 温度区间内，该比值的增加主要对应于木质素分子结构中紫丁香基和愈创木酚结构单元苯丙

烷基侧链的裂解。350~450℃温度区间，其衰减对应于氧桥键的挥发和大量中间自由基的形成。450~600℃温度区间，该比例的增加可能与交联和结构重组引起的芳香族缩合程度增加有关。为进一步确定胶原蛋白对松木木质素热解过程芳香族取代程度的影响，分别定义邻位取代指数（I_{o-s}）和五位取代指数（I_{p-s}）为 $Abs_{742}/Abs_{(700\sim900)}$ 和 $Abs_{854}/Abs_{(700\sim900)}$。基于Guillén等研究结果，$I_{o-s}$值越高，融合结构越少；$I_{p-s}$值越高，融合结构越多。如图4.17(b) 所示，松木木质素和L5-C1变化趋势保持一致。在350℃以下时，I_{o-s}和I_{p-s}比值基本稳定在0.08~0.13和0.32~0.36之间；600℃时，其分别增加或降低至0.5和0.19~0.2左右。上述结果表明，随着热解温度的升高，芳香官能度逐渐降低。值得注意的是，松木木质素I_{p-s}起始下降温度为350℃，而L5-C1起始下降温度为400℃，且在400℃及更高温度下，L5-C1 I_{p-s}始终高于松木木质素，而I_{o-s}始终较低，这表明胶原蛋白有助于高温下松木木质素芳环稠合结构的增强，有力证明了共热解过程中松木木质素与胶原蛋白之间的热稳定性。

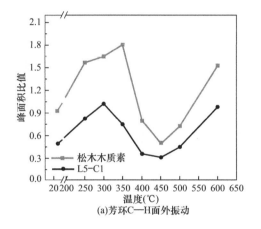
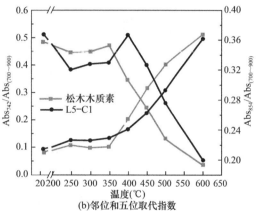

图4.17 不同热解温度下木质素和胶原蛋白生物炭芳环C—H面外振动（700~900cm^{-1}）峰面积比、邻位取代指数（$Abs_{742}/Abs_{(700\sim900)}$）和五位取代指数（$Abs_{854}/Abs_{(700\sim900)}$）

4.5 微观形貌变化

4.5.1 松木木质素

不同热解温度下，松木木质素的微观形貌如图4.18所示。室温时，松木木质素表面粗糙，富含疏松孔隙结构［图4.18(a)］。随着热解温度的升高，其形态向玻璃态转变，呈椭圆形或球形，同时孔隙结构不断消失，棱角越发光滑［图4.18(b)］。当热解温度为250℃时，表面颗粒物质逐渐熔融合并［图4.18(c)］。300℃时，松木木质素表面发生固化，流淌现象逐渐消失［图4.18(d)］。350℃温度下，其孔隙结构基本被填充，表面平整光滑［图4.18(e)］。400℃时，脆性碳质骨架结构基本形成，由于气态产物的逸出，松木木质素生物炭表面伴有气泡产生［图4.18(f)］。450~600℃温度范围内，碳质骨架结构愈发清晰明朗。随着热解温度的升高，松木木质素生物炭表面出现大量沉积物，推测为冷凝阶段产生的焦油类物质［图4.18(g) ~ (i)］。

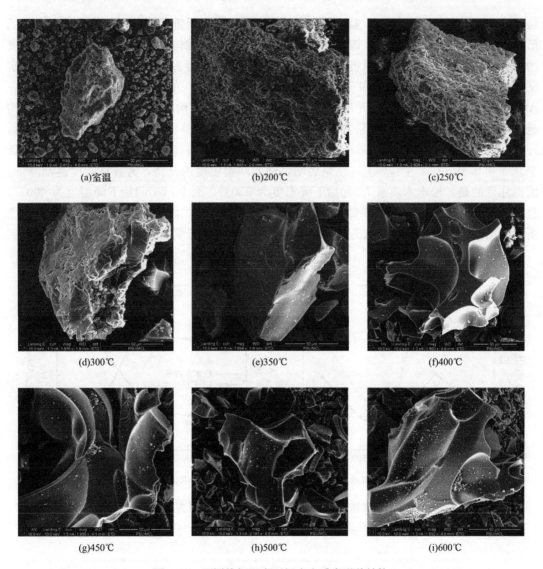

图4.18 不同热解温度下松木木质素形貌结构

4.5.2 胶原蛋白

不同热解温度下，胶原蛋白的微观形貌如图4.19所示。与松木木质素不同，胶原蛋白表面光滑，结构密实，质地松软，大多呈泥泞不规则状［图4.19(a)］；200℃时，胶原蛋白表面粗糙度增加，少量颗粒物质熔融［图4.19(b)］；250℃温度下，微观结构发生明显变化，表面褶皱感愈发明显，边缘地带略显蓬松［图4.19(c)］；当温度为300℃时，胶原蛋白表面伴有大量微小囊泡产生，由于热解气态产物的大量逸出，部分囊泡发生破裂，呈现立体孔洞结构［图4.19(d)］；随着热解温度的升高，孔隙结构逐渐减少，胶原蛋白表面形成片层状或块状黏合体系［图4.19(e)］；当温度为400℃时，胶原蛋白开始固化收缩，孔隙结构基本消失，表面更加光滑［图4.19(f)］。450~600℃温度范围内，焦炭碳质骨架结构完全形成，表现出明显的脆性［图4.19(g)~(i)］。

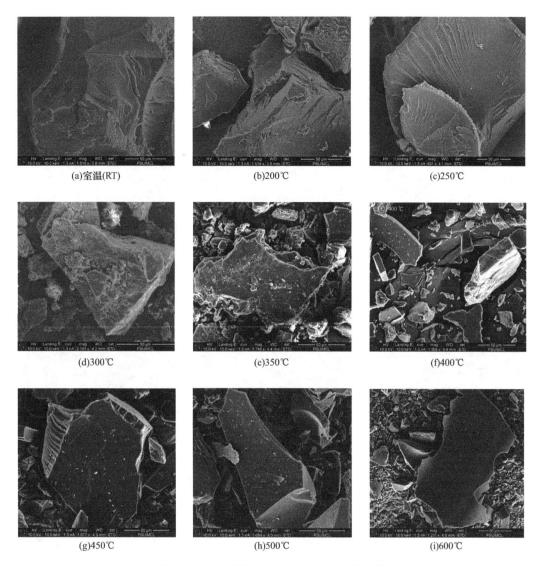

图 4.19　不同热解温度下胶原蛋白形貌结构

4.5.3　松木木质素与胶原蛋白共混物

不同热解温度下，松木木质素/胶原蛋白共混物（以 L5-C1 为例）的微观形貌如图 4.20 所示。可以看出，室温条件下，松木木质素表面被大量不规则胶原蛋白颗粒附着［图 4.20(a)］，部分区域内形成连续覆盖层。200℃时，胶原蛋白软化、熔化，并以薄膜胶状形式完全覆盖在松木木质素表面，颗粒态结构基本消失［图 4.20(b)］。250℃时，胶原蛋白不断渗透填充至松木木质内部，共混生物质孔隙结构基本被堵塞，表面更趋光滑致密［图 4.20(c)］。300℃温度下，生物炭表面呈熔融状态，由于大量热解气态产物的释放，其表面出现囊泡和气孔结构［图 4.20(d)］。随着热解温度从 300℃增加到 400℃时，共混物开始发生固化，并伴随脆性平面、结构性断裂和大孔结构的形成［图 4.20(e)～(f)］。与单独木质素相比，相同热解温度下共混物生物炭的固化行为更加明显，这主要归因于胶原蛋白对脱挥作用的强化。在 400～500℃温度范围内［图 4.20(g)～(h)］，塑性变形和固化过程进一步深化，部分表面区域内出现新囊泡，推测与高温条件下挥发性产物的形成有关。当热解温度达到600℃时（图4.20i），炭质骨架结构完全形成，表面伴有大量无机和碳质沉淀物。对比同等条件下木质素生物炭结构可以发现，胶原蛋白作为热塑性黏合剂主要通过覆盖、填充和桥接等形式与木质素结合，其形成的热熔骨架是新型石墨电极制备过程中生物质黏结效应的关键所在。

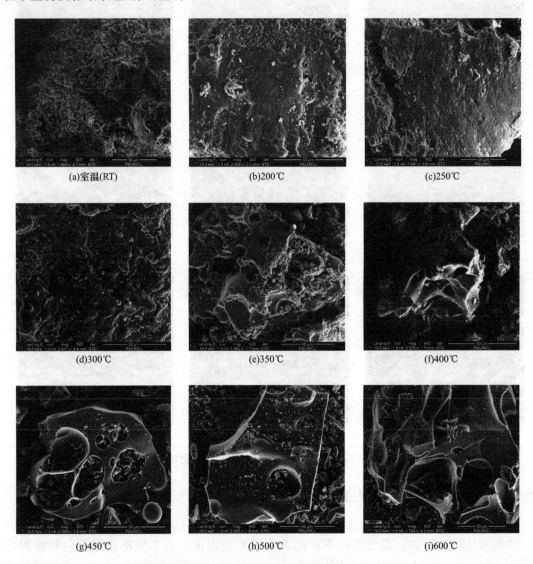

图4.20 不同热解温度下L5-C1形貌结构

根据上述分析结果，推测松木木质素、胶原蛋白共热解成炭黏结机理：室温条件下，胶原蛋白与松木木质素以氢键形式相连，本质上胶原蛋白并未改变松木木质素的化学结构；当热解温度为200℃时，松木木质素、胶原蛋白发生玻璃态转变，伴随脱水反应的进行和松木木质素小分子片段的形成；200～400℃温度区间，受热诱导作用松木木质素、胶原蛋白价键断裂产生大量自由基，部分胶原蛋白自由基充当电子供体，促使新旧价键不断断裂重组，热解气态产物急剧释放，表现为氢、氧元素含量的大幅降低；500～600℃温度区间，苯环周围主要化学键断裂脱除，基本实现芳构化；随着热解温度的升高，脱氢缩聚反应、苯环开环反应、分子重排反应、交联聚合反应不断深化，胶原蛋白作为芳香烃碳源参与构筑稠环芳香体系，进而通过填充、覆盖和桥接等方式与松木木质素相互作用形成无定形结构碳。

4.6 小结

（1）随着热解时间和热解温度的增加，生物质残炭率呈现递减趋势；在热解过程中，碳元素不断富集，氢、氧元素含量不断减少，相比单一松木木质素，共混生物质的残炭率均有所提高，且不同胶原蛋白掺量下，松木木质素生物炭芳环数量由 12 分别增至 14～20。

（2）热解过程中胶原蛋白对松木木质素的作用方式体现在：增加高温残炭率，提供芳基碳源参与缩合反应构筑稠环芳香烃结构，促进醇或酚 O—H、甲氧基 O—CH_3、脂肪族 C—H 等官能团脱除，降低芳烃取代程度，提高芳香烃指数。

（3）热解过程中，胶原蛋白的存在致使松木木质素生物炭呈现不同的微观结构，其以填充、覆盖、桥接等黏结形式与松木木质素融合形成碳质骨架结构。

第 5 章　结论与建议

5.1　结论

煤沥青是煤焦油蒸馏加工分离产生的重质组分残留物，鉴于其主要成分含有以苯并[a]芘、苯并[a]蒽为代表的多环芳烃致癌物质，煤沥青的应用已受到严格限制。然而，作为碳素制品生产用黏结剂和浸渍剂，其优异的物化特性仍具有不可替代性。因此，在合理利用现有煤沥青的基础上，积极开发新型煤沥青替代物以降低其环境污染和致癌概率，是一项紧迫而意义深远的工作。生物质是一种由有机碳构成的可再生资源，拥有开发石油系产品替代品或等价物的潜力。本研究采用双向热压技术，以松木木质素、胶原蛋白共混生物质废弃物代替传统煤沥青黏结剂制备新型高密度特种石墨电极。通过热失重、热重-质谱联用、元素分析、傅里叶红外光谱、扫描电子显微镜等技术手段，对生物质热解特性和热解产物进行定量定性分析，加深了对松木木质素/胶原蛋白黏结剂共热解及其黏结作用机理的理解，提出了松木木质素/胶原蛋白黏结剂在碳素材料领域基础应用的相关理论和技术，为开发环保、经济的生物质基石墨电极提供了有价值的试验数据。主要结论如下：

（1）生电极焙烧过程中，尤其是 250～500℃ 温度范围内，低加热速率有利于微孔结构的形成和热解气态产物的缓释，对炭化电极密度、电阻率、质量损失及膨化率等具有积极作用，相反，低降温速率则表现出负面作用。利用响应面分析方法确定生电极最佳热压制备条件：松木木质素含量为 12.961%，胶原蛋白含量为 3.561%，石油焦粉末含量为 27.438%，热压温度为 400℃，热压压力为 30MPa，恒温时间为 2h。在此条件下实现的炭化电极密度可达 $1.667g/cm^3$，高于文献中报道值。炭化电极内部黏结剂在石油焦颗粒间以碳链桥形式存在，并形成具有一定强度的"类石墨结构"，其裂纹形成随着不可逆膨化程度的加剧呈现先增后减的规律。适当比例的生物质共混黏结剂有助于在石油焦颗粒表面形成连续的黏结桥或填充至石油焦颗粒间空隙中，为热解气体的释放创造有效的贯穿性"呼吸通道"，提高炭化电极致密化程度。石墨化处理后，则表现为近似"平行层"结构和收缩"弯曲层"结构，其密度降低至 $1.51～1.54g/cm^3$，电阻率为 $27.3～31.7\mu\Omega\cdot m$。

（2）松木木质素、胶原蛋白及其共混物热解过程可划分为脱水、热解和炭化 3 个阶段。随着加热速率的增加，传热滞后效应愈趋明显，800℃ 残炭率逐渐降低，且相同转化率下，胶原蛋白掺量越多，所需热解温度越低。基于 FWO 积分法、Kissinger 微分法和 Weibull 分布模型计算求取的表观活化能遵循相同的变化趋势，即松木木质素＞L9-C1＞L7-C1＞L5-C1＞胶原蛋白。热解过程中胶原蛋白与松木木质素存在协同作用关系，其对松木木质素热解过程的影响可分为 3 个阶段：当温度为 250～283℃ 时，抑制苯基丙烷侧链 γ-C 末端羟基、酯基或羧基团分解；在 250～400℃ 温度范围内，促进 α 或 β-烷基芳基醚裂解以及脱水、脱羧反应的进行，并保持芳环结构的完整性；更高温度区间（400～500℃），提供芳香族碳源参与松木木质素缩合反应，促进高度稠环芳环的形成，以提高高温残炭率。

（3）随着热解时间和热解温度的增加，生物质残炭率呈现递减趋势。胶原蛋白存在条件下，部分共混生物质的残炭率略高于单一松木木质素。升温过程中，松木木质素、胶原蛋白及其共混物中醇或酚 O—H、甲氧基 O—CH$_3$、脂肪族 C—H 等有机官能团不断减少，芳香性指数不断增加，表现为碳元素的富集，氢、氧元素含量的降低。共混热解过程中松木木质素与胶原蛋白成碳黏结机理主要包括：①氢键相连；②玻璃态转变及脱水反应的进行；③苯环周围官能团的断裂及新旧价键不断重组；④苯环裂解挥发、稠环芳香体系形成及成碳过程。该稠环芳烃体系的形成是新型高密度特种石墨电极制备过程黏结成型的关键。不同热解温度下松木木质素、胶原蛋白及其共混物焦炭微观结构均呈现明显差异，热解过程中胶原蛋白焦炭以填充、覆盖、桥接等形式与松木木质素融合，其对松木木质素苯基丙烷侧链含氧官能团的断裂具有催化作用，且有利于提高松木木质素焦炭的芳香性和炭化程度。

5.2 建议

作为传统碳素制品用煤沥青黏结剂的替代物，松木木质素/胶原蛋白共混物的物化性能直接关系到碳素制品的更新换代。虽然本研究已对松木木质素/胶原蛋白黏结基石墨电极的制备及性能研究进行了初步探索，但是由于受到基础原料、试验时间和试验条件等因素限制，仍有许多问题和不足亟待进一步深入研究和完善，具体内容如下：

（1）与传统工业所用挤压成型、重油润滑不同，实验室小型双向热压装置及制样模具在一定程度上增加了试样裂纹形成或破碎概率，且剖分式加热炉最高工作温度仅为400℃，限制了对生电极的高温热压制备。设计配套的高标准制样模具及热压装置，进而提高炭化电极和石墨电极的密度仍需进行。

（2）针对电极性能的考察，大多局限于生电极或炭化电极密度、电阻率等数据的分析和讨论，建议增加性能指标项，充实石墨电极密度、电阻率、抗压强度、抗氧化强度、石墨电极消耗率等相关数据，以进一步加深对石墨电极性能的了解。

（3）分离方法、植物种类等易导致木质素结构差异，表现出不同的热解特性和作用机理，建议开展不同类型木质素的相关研究工作，进一步充实试验数据，以期选择最佳的木质素来源，实现木质素/胶原蛋白黏结剂在石墨电极制备中的应用研究。

（4）针对松木木质素、胶原蛋白及其共混物热解产物的鉴定和分析，在现有技术基础上，建议通过 Py-GC/MS（裂解-气相色谱-质谱）、TGA-FTIR（热失重-红外光谱）、核磁共振光谱、拉曼光谱、X-射线衍射等技术手段，对热解产物进行更加准确的定量定性分析，以加深对松木木质素/胶原蛋白黏结剂共热解及黏结成碳机理的理解，同时，为松木木质素/胶原蛋白黏结剂热解过程中污染组分分析、形成机理以及无害化控制技术提供理论依据。

参考文献

[1] 黄光许,谌伦建,曹军. 生物质型煤的成型机理和防水性能[J]. 煤炭学报,2008(7):812-815.

[2] 李登新,吴家珊. 煤与黏结剂的相互作用和型煤抗压强度的关系[J]. 煤炭转化,1992(15):76-82.

[3] 李圣华. 石墨电极生产[M]. 北京:冶金工业出版社,1997,72-117.

[4] 蒋挺大,张春萍. 胶原蛋白[M]. 北京:化学工业出版社,2001,11.

[5] 蒋挺大. 木质素[M]. 北京:化学工业出版社,2008. 19-41.

[6] 孙昱,廖志远,苏龙,等. 溶剂效应对脱除煤沥青中3,4-苯并芘的影响[J]. 化工进展,2014(33):2211-2214.

[7] 杨凤玲,韩海忠,曹希,等. 生物质型煤的制备及微观结构分析[J]. 洁净煤技术,2015(21):6-10.

[8] 朱照中,薛永兵,王远洋,等. 煤沥青材料的应用及其发展前景[J]. 山西化工,2012(32):17-20.

[9] 郑可利,牛玉,欧阳颖. 高性能改性腐殖酸制备烟煤型煤实验研究[J]. 洁净煤技术,2014(20):75-77.

[10] 张秋利,姚蓉,周军,等. 淀粉类黏结剂对型煤与型焦强度的影响[J]. 煤炭转化,2015(38):66-69.

[11] ANCHEYTA J,ANGELES M J,Macías M J,et al. Change in apparent reaction order and activation energy in the hydrodesulfurization of real feedstocks[J]. Energy and Fuels,2002(16):189-193.

[12] AVNI E,COUGHLIN R W. Kinetic analysis of lignin pyrolysis using non-isothermal TGA data [J]. Thermochim Acta,1985(90):157-167.

[13] AZADI P,INDERWILDI O R,FARNOOD R,et al. Liquid fuels,hydrogen and chemicals from lignin:A critical review[J]. Renewable and Sustainable Energy Reviews,2013(21):506-523.

[14] BELBACHIR K,NOREEN R,GOUSPILLOU G,et al. Collagen types analysis and differentiation by FTIR spectroscopy[J]. Analytical and Bioanalytical Chemistry,2009(395):829-837.

[15] Britt P F,Buchanan A C,Thomas K B,et al. Pyrolysis mechanisms of lignin:surface-immobilized model compound investigation of acid-catalyzed and free-radical reaction pathways[J]. Journal of Analytical and Applied Pyrolysis,1995(33):1-19.

[16] CAO J,XIAO G,XU X,et al. Study on carbonization of lignin by TG-FTIR and high-temperature carbonization reactor[J]. Fuel Processing Technology,2013(106):41-47.

[17] CHEN L,WANG S,MENG H,et al. Synergistic effect on thermal behavior and char morphology analysis during co-pyrolysis of paulownia wood blended with different plastics waste[J]. Applied Thermal Engineering,2017(111):834-846.

[18] CHOI SS,KO J E. Analysis of cyclic pyrolysis products formed from amino acid monomer[J]. Journal of Chromatography A,2011(1218):8443-8455.

[19] COATS A W,REDFERN J P. Kinetic parameters from thermogravimetric data[J]. Nature,1964(201):68-69.

[20] COUTINHO A R,ROCHA J D,LUENGO C A. Preparing and characterization biocarbon elec-

trodes [J]. Fuel Processing Technology, 2000 (67): 93-102.

[21] DALL'ORA M, JENSEN P A, JENSEN A D. Suspension Combustion of Wood: Influence of Pyrolysis Conditions on Char Yield, Morphology, and Reactivity [J]. Energy and Fuels, 2008 (22): 2955-2962.

[22] FAIX O, JAKAB E, TILL F, et al. Study on low mass thermal degradation products of milled wood lignins by thermogravimetry-mass-spectrometry [J]. Wood Science and Technology, 1988 (22): 323-334.

[23] FARAVELLI T, FRASSOLDATI A, MIGLIAVACCAG, et al. Detailed kinetic modeling of the thermal degradation of lignins [J]. Biomass and Bioenergy, 2010 (34): 290-302.

[24] FENNER R A, LEPHARDT J O. Examination of the thermal decomposition of kraft pine lignin by Fourier Transform Infrared evolved gas analysis [J]. Journal of Agricultural and Food Chemistry, 1981 (29): 846-849.

[25] FLYNN JH. The 'Temperature Integral' - its use and abuse [J]. Thermochim Acta, 1997 (300): 83-92.

[26] FOX J T, CANNON F S, BROWN N R, et al. Comparison of a new, green foundry binder with conventional foundry binders [J]. International Journal of Adhesion and Adhesives, 2012 (34): 38-45.

[27] FUJIMOTO K, SATO M, YAMADA M, et al. Puffing inhibitors for coal tar based needle coke [J]. Carbon, 1986 (24): 397-401.

[28] GUILLéN M D, IGLESIAS M J, DOMINGUEZ A, et al. Fourier transform infrared study of coal tar pitches [J]. Fuel, 1995 (74): 1595-1598.

[29] HAIDER N F, PATTERSON J M, MOORS M, et al. Effects of structure on pyrolysis gases from amino acids [J]. Journal of Agricultural and Food Chemistry, 1981 (29): 163-165.

[30] HAYKIRI-ACMA H, YAMAN S. Interaction between biomass and different rank coals during co-pyrolysis [J]. Renewable Energy, 2010 (35): 288-292.

[31] JANKOVIĆB. The comparative kinetic analysis of Acetocell and Lignoboost® lignin pyrolysis: The estimation of the distributed reactivity models [J]. Bioresource Technology, 2011 (102): 9763-9771.

[32] JANKOVIĆB. Kinetic analysis of isothermal decomposition process of sodium bicarbonate using the Weibull probability function-estimation of density distribution functions of the apparent activation energies [J]. Metallurgical and Materials Transactions B, 2009 (40B): 712-726.

[33] JAKAB E, FAIX O, TILL F. Thermal decomposition of milled wood lignins studied by thermogravimetry/mass spectrometry [J]. Journal of Analytical and Applied Pyrolysis, 1997 (40-41): 171-186.

[34] JONES H L, SIMON J A W, WILT MH. A laboratory evaluation of pitch binders using compressive strength of test electrodes [J]. Journal of Chemical and Engineering Data, 1960 (5): 84-87.

[35] KAWANO Y, FUKUDA T, KAWARADA T, et al. Puffing behavior during the graphitization of coal-tar-based needle coke impregnated with iron (Ⅱ) sulfate and boric acid [J]. Carbon, 2000 (38): 759-765.

[36] KAWANO Y, FUKUDA T, KAWARADA T, et al. Suppression of puffing during the graphitization of pitch needle coke by boric acid [J]. Carbon, 1999 (37): 555-560.

[37] LEWIS IC. Chemistry of pitch carbonization [J]. Fuel, 1987 (66): 1527-1531.

[38] LIU Q, WANG S, ZHENG Y, et al. Mechanism study of wood lignin pyrolysis by using TG-FTIR analysis [J]. Journal of Analytical and Applied Pyrolysis, 2008 (82): 170-177.

[39] LOW G K C, BATLEY G E, BROEKBANK C I. Solvent-induced photodegradation as a source of error in the analysis of polycyclic aromatic hydrocarbons [J]. Journal of Chromatography A, 1987 (392): 199-210.

[40] LUMADUE M R, CANNON F S, BROWN N R. Lignin as both fuel and fusing binder in briquetted anthracite fines for foundry coke substitute [J]. Fuel, 2012 (97): 869-875.

[41] MUAZU R I, STEGEMANN J A. Biosolids and microalgae as alternative binders for biomass fuel briquetting [J]. Fuel, 2017 (194): 339-347.

[42] NAGAI T, SUZUKI N, NAGASHIMA T. Collagen from common minke whale (Balaenoptera acutorostrata) unesu [J]. Food Chemistry, 2008 (111): 296-301.

[43] NIETO-DELGADO C, CANNON F S, PAULSEN P D, et al. Bindered anthracite briquettes as fuel alternative to metallurgical coke: full scale performance in cupola furnaces [J]. Fuel, 2014 (121): 39-47.

[44] PARTHASARATHI R, RAYMOND R A, REDONDO A, et al. Theoretical study of the remarkably diverse linkages in lignin [J]. Journal of Physical Chemistry Letters, 2011 (2): 2660-2666.

[45] PASQUALI C E L, HERRERA H. Pyrolysis of lignin and IR analysis of residues [J]. Thermochimica Acta, 1997 (293): 39-46.

[46] PÉREZA M, GRANDA M, SANTAMARÍA R, et al. A thermoanalytical study of the co-pyrolysis of coal-tar pitch and petroleum pitch [J]. Fuel, 2004 (83): 1257-1265.

[47] PETROCELLI F P, KLEIN M T. Model reaction pathways in Kraft lignin pyrolysis [J]. Macromolecules, 1984 (17): 161-169.

[48] PIELESZ A. Temperature-dependent FTIR spectra of collagen and protective effect of partially hydrolysed fucoidan [J]. Spectrochim Acta A, 2014 (118): 287-293.

[49] RAHAMAN S A, SALAM P A. Characterization of cold densified rice straw briquettes and the potential use of sawdust as binder [J]. Fuel Processing Technology, 2017 (158): 9-19.

[50] RATCLIFF M A, MEDLEY E E, Simmonds P G. Pyrolysis of amino acids. Mechanistic considerations [J]. Journal of Organometallic Chemistry, 1974 (39): 1481-1490.

[51] RAVEENDRAN K, GANESH A, KHILART K C. Influence of mineral matter on biomass pyrolysis characteristics [J]. Fuel, 1995 (74): 1812-1822.

[52] REN Q, ZHAO C. NO_x and N_2O precursors from biomass pyrolysis: nitrogen transformation from amino acid [J]. Environmental Science and Technology, 2012 (46): 4236-4240.

[53] REN Q, ZHAO C, CHEN X, et al. NO_x and N_2O precursors (NH_3 and HCN) from biomass pyrolysis: co-pyrolysis of amino acids and cellulose, hemicellulose and lignin [J]. Proceedings of the Combustion Institute, 2011 (33): 1715-1722.

[54] SALDARRIAGA J F, AGUADO R, PABLOS A, et al. Fast characterization of biomass fuels by thermogravimetric analysis (TGA) [J]. Fuel, 2015 (140): 744-751.

[55] SALEMA A A, AFZAL M T, MOTASEMI F. Is there synergy between carbonaceous material and biomass during conventional pyrolysis? A TG-FTIR approach [J]. Journal of Analytical and Applied Pyrolysis, 2014 (105): 217-226.

[56] SHARMA R K, CHAN W G, HAJALIGOL M R. Product compositions from pyrolysis of some aliphatic α-amino acids [J]. Journal of Analytical and Applied Pyrolysis, 2006 (75): 69-81.

[57] SHARMA R K, CHAN W G, SEEMAN J I, et al. Formation of low molecular weight heterocycles and polycyclic aromatic compounds (PAC) in the pyrolysis of α-amino acids [J]. Journal of Analytical and Applied Pyrolysis, 2003 (66): 97-121.

[58] SHARMA R K, CHAN W G, WANG J, et al. On the role of peptides in the pyrolysis of amino acids [J]. Journal of Analytical and Applied Pyrolysis, 2004 (72): 153-163.

[59] SHARMA R K, WOOTEN J B, BALIGA V L, et al. Characterization of chars from pyrolysis of lignin [J]. Fuel, 2004 (83): 1469-1482.

[60] SHEN D K, GU S, LUO K H, et al. The pyrolytic degradation of wood-derived lignin from pulping process [J]. Bioresource Technology, 2010 (101): 6136-6146.

[61] SUKHORUKOVA E A, KHARLAMPOVICH G D, Slushkina T V. et al. Possibility of a decrease in the 3,4-benzpyrene content in coal tar pitehes [J]. Koks I Khimiya, 1984 (7): 36-38.

[62] TANG W J, WANG C, CHEN D. An investigation of the pyrolysis kinetics of some aliphatic amino acids [J]. Journal of Analytical and Applied Pyrolysi, 2006 (75): 49-53.

[63] WANG Y, CANNON F S, SALAMA M, et al. Characterization of hydrocarbon emissions from green sand foundry core binders by analytical pyrolysis [J]. Environmental Science and Technology, 2007 (41): 7922-7927.

[64] WORASUWANNARAK N, SONOBE T, TANTHAPANICHAKOON W. Pyrolysis behaviors of rice straw, rice husk, and corncob by TG-MS technique [J]. Journal of Analytical and Applied Pyrolysis, 2007 (78): 265-271.

[65] YU J, PATERSON N, BLAMEY J, et al. Cellulose, xylan and lignin interactions during pyrolysis of lignocellulosic biomass [J]. Fuel, 2017 (191): 140-149.